ROLF REINICKE

FEUERSTEINE
HÜHNERGÖTTER

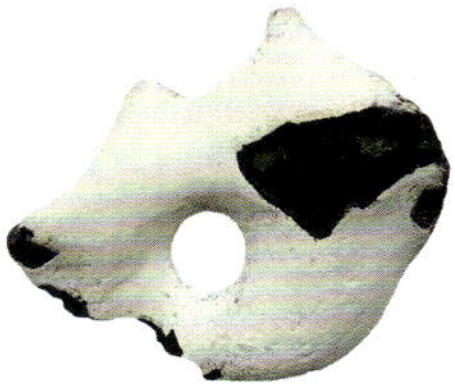

DEMMLER VERLAG

ROLF REINICKE

FEUERSTEINE HÜHNERGÖTTER

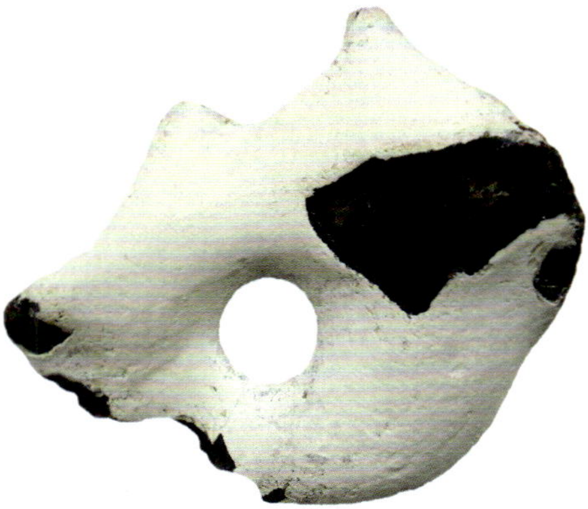

DEMMLER VERLAG

Bibliographische Informationen
der Deutschen Nationalbibliothek:
Die Deutsche Nationalbibliothek
verzeichnet diese Publikation in der Deutschen Nationalbibliographie. Detaillierte bibliographische Daten sind im Internet abrufbar unter: http//dnd.ddb.de

Demmler Verlag GmbH
Rolf Reinicke
Feuersteine Hühnergötter
Texte, Arrangements, Fotos
und Layout: Rolf Reinicke
Zeichnungen und Lektorat:
Inge Reinicke
www.kuestenbilder.de

ROLF REINICKE
FEUERSTEINE HÜHNERGÖTTER
2. AUFLAGE 2010
ISBN 978-3-910150-78-2

RIBNITZ-DAMGARTEN
AN DER BÄDERSTRASSE 7C
18311 RIBNITZ-DAMGARTEN
www.demmler-verlag.de

Printed in Germany:
DZA Druckerei zu Altenburg GmbH
www.dza-medien.de

Foto:
Feuersteinstrand am Dankalk-Kliff
von Stevns Klint bei Rødvig/Seeland

Foto Seite 2:
Feuersteinstrand am Schreibkreide-Kliff
im Nationalpark Jasmund/Rügen

INHALT

FEUERSTEINE

Feuersteine kennt jeder. Sie sind an vielen Stellen und in unterschiedlichster Form zu finden. Am Strand fallen sie am meisten auf. An der deutschen Ostseeküste sind Feuersteine die häufigsten Strandgerölle.

Millionen Tonnen Feuersteine lagern in den eiszeitlichen Ablagerungen des norddeutschen Flachlandes. Noch mehr davon gibt es in den Kalkgesteinen von Kreide und Tertiär im Untergrund von Norddeutschland, Dänemark und Südschweden. Auch an vielen anderen Stellen der Erde sind Feuersteine zu finden.

Dieses kleine Buch behandelt die Feuersteine **an den deutschen, dänischen und südschwedischen Küsten.** Es ist vor allen Dingen **für Strandwanderer** gedacht – und insbesondere für den Nichtfachmann.

Hier werden die wichtigsten und interessantesten Dinge zum Thema Feuerstein möglichst kurz und allgemein verständlich behandelt – ohne einen Anspruch auf Vollständigkeit. Für spezielle Fragen zur Entstehung, Verbreitung und Nutzung von Feuerstein gibt es umfangreiche Fachliteratur. Hinsichtlich der Feuerstein-Entstehung sind übrigens auch manche Fragen noch offen; daran wird weiter geforscht.

FEUERSTEINE von der deutschen Küste – viel mehr über Feuersteine ist auf den folgenden Seiten zu sehen und zu lesen.

HÜHNERGÖTTER

„Lochsteine“ sagen manche Leute ganz einfach zu jenen durchlöcherten Feuersteinen, die mit großer Begeisterung an den Stränden unserer heimatlichen Küsten gesucht und gefunden werden. Natürlich trifft diese eher prosaische Bezeichnung hundertprozentig zu – Feuersteine mit Loch. Aber: Da war doch noch etwas! Diese „Hühnergötter“ beschäftigten schon unsere abergläubischen Vorfahren, welche mit solchen und anderen „Naturspielen“ die Geister und Dämonen von sich, ihren Haustieren oder Wohnstätten abwehren, verschiedene Krankheiten heilen oder zumindest ein bisschen Glück herbeizaubern wollten. Etwas von diesem uralten Aberglauben muss sich wohl bis in die Gegenwart erhalten haben.

Denn Hühnergötter am Lederband oder am Silberkettchen werden auch heute gern als **Amulett** – als Glücksbringer – getragen.
In diesem Buch gibt es rein sachliche Informationen über die Entstehung kleiner und großer Hühnergötter, über die Herkunft ihres ungewöhnlichen Namens und über ihre originelle Verwendung.
Auf die vielfältige esoterische Bedeutung von Lochsteinen – ebenso wie auf die von Feuersteinen – in der heutigen Zeit wird hier nicht weiter eingegangen. Auch dazu gibt es umfangreiche Spezialliteratur.

**HÜHNERGÖTTER
vom Ostseestrand –
viel mehr über diese
durchlöcherten Feuersteine
ist ab Seite 56
zu erfahren.**

FEUERSTEINE

Jeder kennt ihn. **Aber was ist eigentlich Feuerstein?** Feuerstein (auch **Flint** genannt) ist ein vor vielen Millionen Jahren im Meer entstandenes **Ablagerungsgestein** (Sedimentgestein) – ein **Silikatgestein,** das fast ausschließlich aus dem Mineral **Quarz** besteht. Quarz ist **Siliziumdioxid (SiO_2)**, die häufigste feste chemische Verbindung, die man an der Erdoberfläche findet. Meist kommt Quarz in Form kleiner Kristalle oder Körner vor – in ganz verschiedenen Gesteinen wie in Granit, Gneis oder Sandstein. Selbst Sand (auch Strandsand!) besteht zum größten Teil aus Quarz.

Im Feuerstein ist der Quarz in besonderer Weise beschaffen: er bildet hier allerfeinste, mikroskopisch kleine Kristalle. Diese sind so eng miteinander „verfilzt", dass Feuerstein strukturlos wirkt, fast wie Glas – der Fachmann sagt dazu „dicht".

Eine weitere Besonderheit: Feuerstein kommt nicht (so wie andere Ablagerungsgesteine) in mehr oder weniger dicken Schichten vor, sondern meist in Form isolierter knolliger Gebilde, als **Feuersteinknollen**, die oft in Bändern angeordnet sind.

Und diese Knollen findet man immer in Kalkgesteinen z. B. in der Schreibkreide.

In einigen Feuersteinen sind **Fossilien** eingeschlossen. Manchmal wurden auch die Schalen von Meerestieren mit Feuerstein ausgefüllt. So entstanden **Feuersteinkerne** – Jahrmillionen alte Zeugnisse vom Leben im Meer.

Feuerstein spielte in der Kulturgeschichte eine besonders wichtige Rolle. Aus ihm fertigte der Mensch über viele Jahrtausende seine Werkzeuge und Waffen – **Feuersteingeräte**. Ebenso lange verwendete er Feuerstein, um das lebenswichtige Feuer zu entzünden – als Teil des **Feuerzeugs.**

Durchlöcherte Feuersteine besaßen früher als **Hühnergötter** im Volksglauben mancher Regionen eine Bedeutung. Heute sind sie bei Strandurlaubern besonders beliebte Sammelobjekte.

Feuersteinknollen, Feuersteingerölle, Wallsteine, Feuersteinkerne von Seeigeln, Hühnergötter, Klappersteine, Feuersteingeräte...
So vielfältig wie hier zu sehen sind die Erscheinungsformen von Feuerstein, der auch Flint genannt wird. Dieses Naturmaterial spielte auch in der Menschheitsgeschichte eine überaus wichtige Rolle .
Die hier abgebildeten Funde stammen alle von den Stränden der deutschen Küste und aus dem unmittelbar benachbarten Binnenland. Das Steinbeil unten rechts ist 8 cm lang,

Muscheliger Bruch – Manche zerbrochenen Feuersteine zeigen eine solche charakteristische Bruchfläche, die aber nichts mit einem Muschelabdruck zu tun hat. (ø 5 cm)

< „Scherben" von Feuersteinknollen aus der Schreibkreide, die derb mit dem Hammer zerschlagen wurden

HÄRTER ALS STAHL

Scharf wie Rasiermesser, spitz wie Nadeln

Feuerstein besitzt eine ganz besondere Eigenschaft: er ist härter als Stahl und Glas. Mit einem Stück Feuerstein kann man jede Messerklinge, jede Glasscheibe ritzen. Aber Feuerstein ist nicht nur sehr hart – er ist auch recht spröde. Manche Feuersteine splittern fast so leicht wie Glas. Dabei entstehen solche „Scherben“ wie sie dieses Foto zeigt. Derartige Bruchstücke haben oft rasiermesserscharfe Kanten und nadelfeine Spitzen.

Beide Eigenschaften zusammen machten den Feuerstein zum idealen Rohstoff für die Herstellung von Geräten, mit denen man beispielsweise schneiden, stechen, schaben, hacken oder bohren konnte. Keine andere Gesteinsart war in der längsten Zeit der Menschheitsgeschichte, der Steinzeit, so wichtig wie Feuerstein – mehr darüber ab Seite 48.

Das Zerschlagen von Feuersteinen ist eine gefährliche Sache. Die dabei entstehenden Splitter sind messerscharf, und können völlig unkontrolliert umherfliegen. Wer also Feuersteine unbedingt zerschlagen möchte, der sollte nicht nur Schutzbrille und -handschuhe tragen, sondern auch alle unbedeckten Körperteile schützen. Und es sollte sich dabei niemand in unmittelbarer Nähe aufhalten. Es kann rasch Blut fließen!

WIE ENTSTANDEN FEUERSTEINE?

Reste von Billionen Meeresorganismen

Feuersteine und die Kalkgesteine, in denen sie eingelagert sind, entstanden in längst vergangenen Zeiten der Erdgeschichte am Grunde flacher, warmer Meere. In deren Wasser gab es viel Plankton – Billionen einzelliger Lebewesen. Sie bauten ihre mikroskopisch kleinen Panzer bzw. Skelette aus den im Meerwasser gelösten Substanzen, hauptsächlich aus Kalk (Kalziumkarbonat, $CaCO_3$), aber auch aus Kieselsäure (Siliziumdioxid, SiO_2). Die winzigen kalkigen Gehäuse von **Panzergeißeltierchen** (Coccolithophoriden) waren dabei eindeutig in der Überzahl. Sie sanken ebenso wie die für die Feuersteinbildung wichtigen Kieselskelette von **Strahlentierchen** (Radiolarien) und die Schalen von **Kieselalgen** (Diatomeen) nach ihrem Tode auf den Meeresgrund. Dort bildeten sie im Laufe sehr langer Zeiträume eine immer dicker werdende Schlammschicht, in die auch Reste größerer Meerestiere (u. a. von Kieselschwämmen) eingebettet wurden.

__Kieselsäure__ ist – genau genommen – H_4SiO_4. Da diese Verbindung aber nicht beständig ist, sondern rasch in Wasser und Siliziumdioxid (SiO_2) zerfällt, bezeichnet man (nicht ganz exakt) auch SiO_2 oft einfach als Kieselsäure.

Solche anfangs sehr weichen Schlammschichten verfestigten sich später zu Kalkstein oder Schreibkreide. Die Zeiträume, die notwendig waren, um mächtige Schichten derartiger Ablagerungsgesteine entstehen zu lassen, überschreiten unsere Vorstellungskraft. Ernst zu nehmende Wissenschaftler gehen davon aus, dass für die Bildung einer etwa 100 Meter dicken feuersteinreichen Schreibkreideschicht (wie es sie auf Rügen oder Møn gibt) mehr als zwei Millionen Jahre erforderlich waren – weiter auf Seite 14.

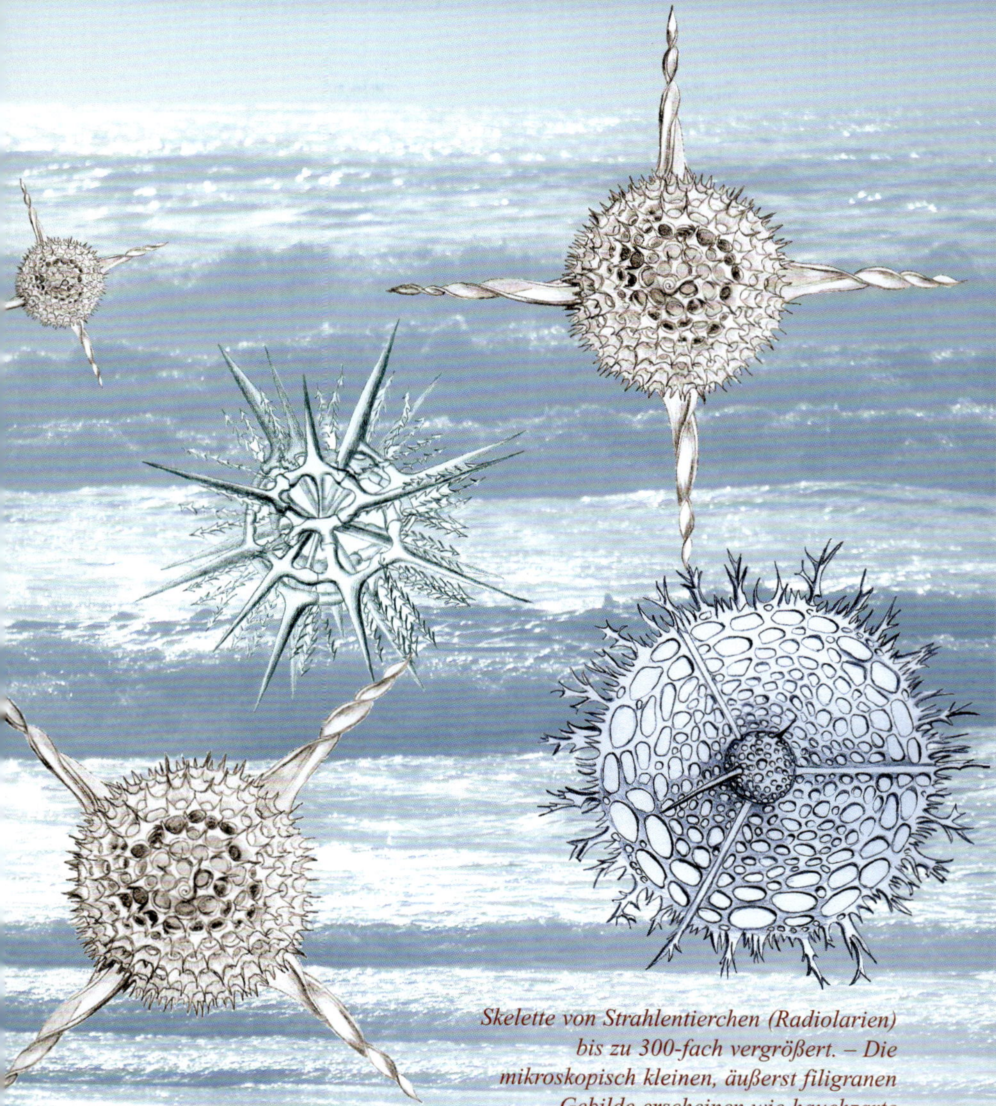

Skelette von Strahlentierchen (Radiolarien) bis zu 300-fach vergrößert. – Die mikroskopisch kleinen, äußerst filigranen Gebilde erscheinen wie hauchzarte Glaskunstwerke. Sie bestehen aus einer besonderen Modifikation von Siliziumdioxid – aus Skelettopal. Radiolarien gelten als wichtigster SiO_2-Lieferant bei der Bildung von Feuerstein. (Zeichnungen nach ERNST HAECKEL)

WIE ENTSTANDEN FEUERSTEINE?

Kieselsäure-Ausfällungen im Meeresboden

Im wasserreichen, porösen Kalkschlamm am Meeresboden waren – wie auf Seite 12 beschrieben – große Mengen von Siliziumdioxid (SiO_2) eingelagert: Kieselskelette von Strahlentierchen (Radiolarien), Schalen von Kieselalgen (Diatomeen) und Nadeln von Kieselschwämmen.
Sehr langsam, aber beständig zirkulierte das Porenwasser in diesem feuchten Bodenschlamm. Dabei löste es in den oberen Teilen des Schlammes die Kieselsubstanz auf. Die somit entstandenen kieselsäurereichen Lösungen gelangen bei der Zirkulation in tiefere Schichten des Meeresbodens. Dort kam es zur Ausfällung von Kieselsäure in Form winziger Knollen, die langsam wuchsen. Dabei wurde der Kalk an diesen Stellen allmählich verdrängt bzw. aufgelöst. Manchmal wurden dabei auch Schalenreste größerer Meerestiere von Kieselsäure umflossen oder ausgefüllt (siehe Seiten 38–41).

Feuerstein ist ein im Meeresboden entstandenes ***Ablagerungsgestein****, an dessen Bildung chemische Vorgänge einen wesentlichen Anteil hatten – ein chemisches Sedimentgestein, ein* ***Kieselgestein****.*

Feuersteinbänder in der Schreibkreide. – Diese Fotomontage soll die Lagerung der weißgerindeten Feuersteine in einer senkrecht durchgeschnittenen Schichtenfolge (also in einem Profil) veranschaulichen.

Im Laufe der Zeit konzentrierte sich immer mehr Kieselsäure in diesen **Konkretionen** von unregelmäßiger Form und Größe, die zur selben Zeit überall in gleicher Tiefe im Meeresboden wuchsen: Knollen aus einem puddingartigen Kieselsäure-Gel.

Unendlich langsam wurde aus dem Schlamm fester Kalk. Durch Abspaltung von Wasser kristallisierte schließlich das SiO_2 der Knollen zu allerfeinsten Quarzkristallen. Damit war – nach einigen Hunderttausend Jahren – der Feuerstein endlich fertig.

Es hatte sich eine über weite Entfernungen im Gestein zu verfolgende **Feuersteinlage** gebildet, die heute in einer senkrecht durchgeschnittenen Schichtenfolge (im Profil) – beispielsweise an einem Steilufer – als **Feuersteinband** erscheint.

Zu dieser Zeit waren im Meeresboden darüber bereits die nächsten Knollenlagen entstanden, denn inzwischen hatte sich natürlich auch neuer Kalkschlamm gebildet. Und so ging es vielleicht lange Zeit weiter – über einige Millionen von Jahren.

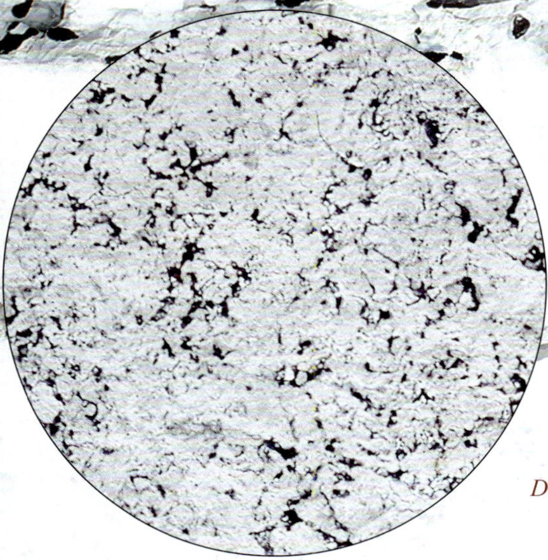

< Aufsicht auf die Schichtfläche einer Feuersteinlage in der Schreibkreide. – Die einzelnen Feuersteinknollen mit ihrer weißen Rinde erscheinen wie locker gestreut auf der Fläche. (ø ca. 3 m)

SCHREIBKREIDE-FEUERSTEIN

An den Steilküsten von Rügen und Møn

Schreibkreide ist an der südlichen Ostseeküste das am weitesten verbreitete und am besten bekannte „Muttergestein“ des Feuersteins. Diese vor rund 67 Millionen Jahren am Ende der Kreidezeit entstandene Meeresablagerung, deren Namen von ihrer einstigen Verwendung herrührt, enthält etwa 10 bis 15 Prozent Feuerstein. Meist sind es knollige, seltener plattige dunkelgraue, fast schwarze Feuersteine mit weißer Rinde. Sie treten fast immer lagenweise als **Feuersteinbänder** in dem nahezu weißen, weichen Kalkgestein auf. Nur hier und da findet man Feuersteinknollen auch isoliert im Gestein. Die Schreibkreide mit ihren Feuersteinbändern liegt im norddeutschen Küstengebiet auf weiten Flächen direkt unter den eiszeitlichen Ablagerungen. Am besten aufgeschlossen ist sie an den Kreidesteilufern der Inseln Rügen und Møn.

Auf Rügen bildet sie zwischen Sassnitz und Lohme die **Kreidesteilküste der Halbinsel Jasmund** mit beeindruckenden Hochufern und dem 117 Meter hohen Königsstuhl, dem höchsten Punkt an der deutschen Küste. Auch am Kliff von **Kap Arkona** ist Schreibkreide aufgeschlossen.

Auf der dänischen Insel Møn gibt es am **Møns Klint** ein ganz ähnliches Hochufer wie auf Jasmund. Dessen höchster Punkt ist der 127 Meter hohe Dronningestolen (Königinnenstuhl), der höchste Punkt an der gesamten Ostseeküste.

Vor diesen bekannten Kreidesteilufern auf Rügen und Møn liegen die charakteristischen Geröllstrände aus Feuerstein, der aus der Schreibkreide herausgewaschen wurde. Hier kann man die bemerkenswerte Vielfalt dieses Gesteins besonders gut beobachten – seine verschiedenen Formen, Farben und Fossilien.

Schreibkreidekliff mit Bändern aus knolligen Feuersteinen am Stubbenhörn nordwestlich vom Königsstuhl im Nationalpark Jasmund auf Rügen

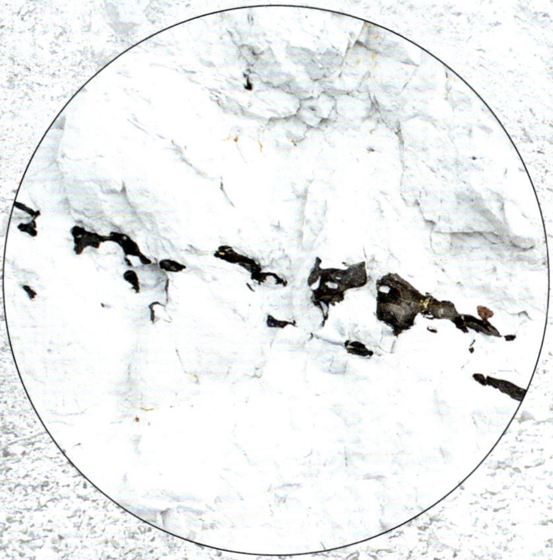

< Feuersteinband aus knolligen Feuersteinen in der Schreibkreide – Das ist die „Normalform“ der Absonderung von Feuerstein auf Rügen und Møn. (ø ca. 1 m)

> Feuersteinband aus plattigem Feuerstein in der Schreibkreide – Diese Form der Absonderung von Feuerstein ist wesentlich seltener als die knollige. (ø ca. 70 cm)

SCHREIBKREIDE-FEUERSTEIN

Frisch heraus gespülte Knollen

Solche Feuersteinknollen kennen viele Strandwanderer, die schon einmal an den Kreideküsten von Rügen oder Møn unterwegs waren. Die auf dem Strand liegenden, vom Meer frisch aus der Schreibkreide heraus gespülten Feuersteinknollen zeigen völlig unterschiedliche Form und Größe – kein Exemplar gleicht dem anderen. Dabei sind Exemplare von mehr als 40 Zentimeter Durchmesser eher selten. Allen gemein ist aber die charakteristische weiße Rinde, die nicht etwa aus Schreibkreide besteht, sondern aus einer „Vorstufe“ des Feuersteins, also auch aus SiO_2. Die Bruchflächen der Knollen zeigen den typischen dunkelgrauen, fast schwarz erscheinenden Schreibkreide-Feuerstein.

Solche Bilder bieten sich aber nicht auf der gesamten Länge der Kreidekliffe, sondern nur dort, wo es wirklich frische Abbrüche gibt. Denn sobald die spröden Feuersteinknollen bei einem schweren Sturm über viele Stunden oder sogar einige Tage lang in der Brandung hin und her geworfen werden, zerbrechen viele der skurril geformten Gebilde. Je häufiger sie im Wellenschlag bewegt werden, umso mehr werden sie gerundet. Weil der Feuerstein sehr spröde ist, geht diese Rundung auch viel schneller vor sich als bei den meisten anderen Gesteinen. Dabei geht die charakteristische weiße Rinde verloren.

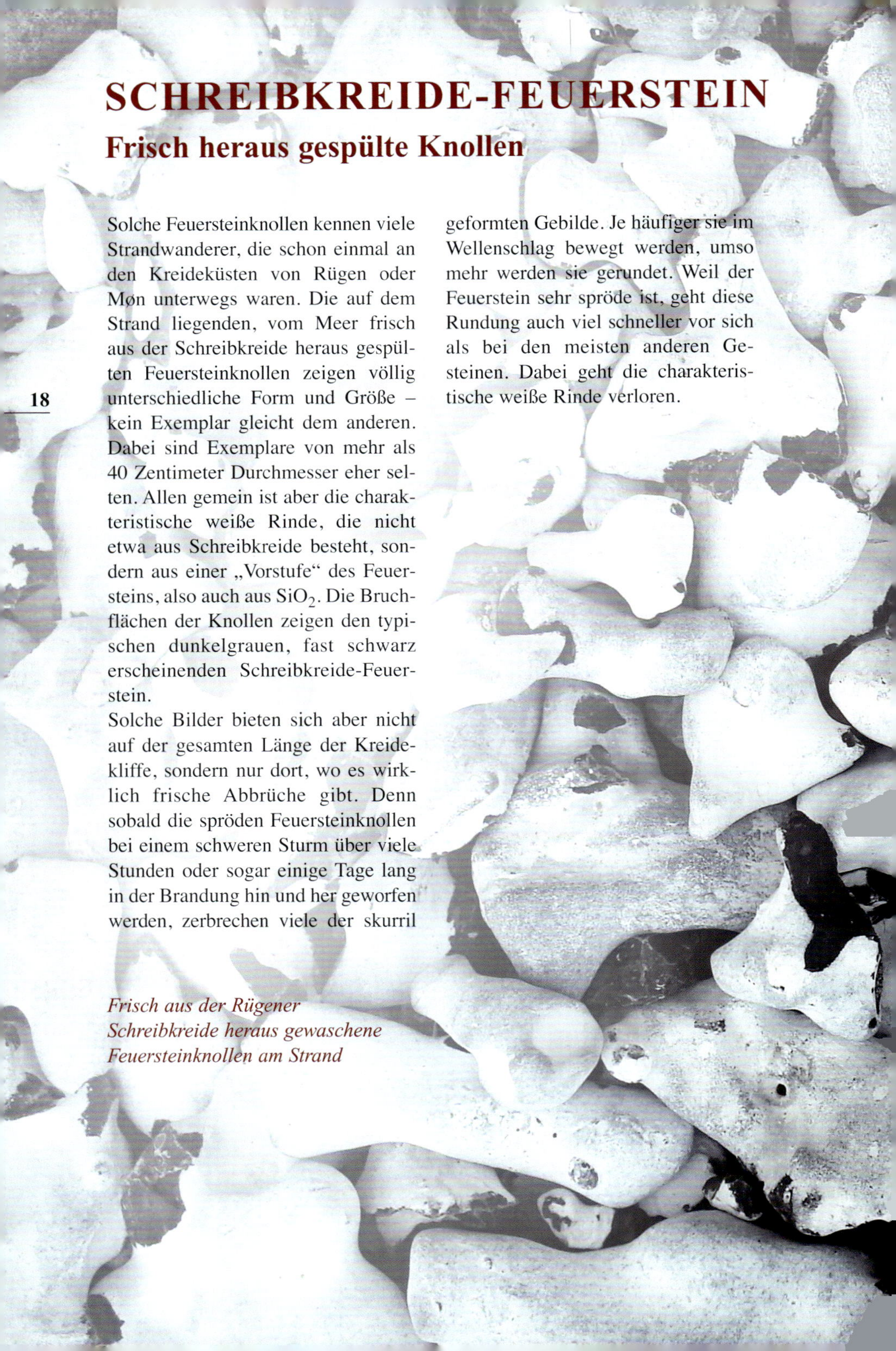

Frisch aus der Rügener Schreibkreide heraus gewaschene Feuersteinknollen am Strand

SCHREIBKREIDE-FEUERSTEIN

Geröllstrände an den Kreideküsten von Rügen und Møn

Das Meer spielt mit den Feuersteinen. Bei Sturm werden sie von der Brandung mit aller Gewalt gegeneinander geworfen. Einer solchen Beanspruchung sind die zwar sehr harten, aber auch recht spröden Schreibkreide-Feuersteine nicht gewachsen. Besonders leicht splittern die unregelmäßig geformten, frisch aus den Steilufern heraus gewaschenen Feuersteinknollen. So kommt es, dass deren beeindruckende Formenvielfalt bereits nach kurzer Zeit, manchmal schon nach wenigen Wochen oder Monaten, verloren geht. Die meisten von ihnen zerbrechen während der Stürme in der kälteren Jahreszeit.

Wenn es nicht gerade windstill ist, so lässt das Meer die Feuersteine am Spülsaum im Spiel der Wellen unablässig hin und her rollen. Das Geräusch der rollenden Steine ist vielen Strandwanderern vertraut. Je länger die Feuersteine in der Brandung rollen, desto kleiner und runder erscheinen sie – die Feuersteinknollen werden im Laufe der Zeit zu Feuersteingeröllen, vom Wasser geschliffen, aber nicht poliert. Ihre gerundete Oberfläche ist bedeckt mit Tausenden winziger Schlagmarken. Deshalb sehen die Feuersteingerölle im trockenen Zustand auch ohne ihre weiße, längst abgeschliffene Rinde an der Oberfläche viel heller aus als im Inneren. Die meisten der abgesplitterten und ebenfalls gerundeten Feuersteinteilchen finden sich später irgendwo als Sandkörnchen wieder.

Die längsten Strandabschnitte vor den Kreidesteilufern auf Rügen und Møn sind mit solchen Feuersteingeröllen bedeckt. Bei jedem Sturm werden sie umgelagert – von den Wellen weggetragen, längs der Ufer hin und her transportiert, zu Strandwällen angehäuft. Insgesamt „wandern“ sie langsam in einer Richtung. Das Ganze ist ein immerwährender Prozess: Während der Feuerstein an einer Stelle als frische Knollen aus der Schreibkreide ausgewaschen wird, gelangt er an anderer in Form kleiner Gerölle schließlich an Ufer fernab der Kreideküste.

Feuerstein-Geröllstrand an der Kreideküste im Nationalpark Jasmund auf Rügen – Im Kreis (ø ca. 120 cm): Feuersteingeröll

DANKALK-FEUERSTEIN

An der Steilküste auf Seeland (Dänemark)

In weiten Teilen Dänemarks und im südlichsten Schweden, auf der Halbinsel Schonen, liegen jüngere, deutlich härtere Kalksteine unmittelbar über der weichen Schreibkreide und direkt unter den eiszeitlichen Ablagerungen. Diese Kalke entstanden vor ca. 64–65 Millionen Jahren im ältesten Tertiär. In Dänemark kommen Gesteine aus diesem Zeitraum besonders häufig vor. Er wird daher als **Dan** bezeichnet, die Kalke als **Dankalke.**

Die Dankalke sind hellgraue, feste, meist poröse Kalksteine und werden – ähnlich wie die Schreibkreide – von zahlreichen Feuersteinbändern durchzogen. Dieser Dankalk-Feuerstein ist insgesamt deutlich heller als der aus der Schreibkreide.

Der eindrucksvollste natürliche Aufschluss von Dankalken an der Ostsee liegt im Südosten der Insel Seeland, am **Stevns Klint**. Dort bilden Dankalke, die über der Schreibkreide lagern, ein mehr als zehn Kilometer langes, bis zu 40 Meter hohes Steilufer.

Auch an der Nordsee gibt es ein markantes Kliff aus hellem Dankalk: am **Bulbjerg** westlich von Ålborg auf Jütland.

Dankalk mit Feuersteinbändern und Feuerstein-Geröllstrand am Kliff bei Rødvig, Stevns Klint (Insel Seeland, Dänemark) – Im Kreis (ø ca. 80 cm): Bänder aus knolligen Dankalk-Feuersteinen

DANKALK-FEUERSTEIN

Feuerstein-Geröllstrand auf Schonen (Schweden)

An der Südwestküste von Schonen bilden Dankalke zwar keine Steilufer. Sie liegen aber an vielen Stellen direkt an der Oberfläche, also im Abtragungsbereich des Meeres. Stellenweise erstrecken sich fossile Strandwälle aus Feuersteinen längs der Ufer. Daher gibt es hier auch zahlreiche Geröllstrände, auf denen der charakteristische hellgraue Dankalk-Feuerstein dominiert.

Geröllstrand aus Dankalk-Feuerstein am Smygehuk, der Südspitze Schwedens –
Im Kreis (ø ca. 60 cm): Strandgeröll aus Dankalk-Feuerstein

Weil Dankalk-Feuerstein nicht so spröde ist wie Schreibkreide-Feuerstein, wird er auch längst nicht so rasch von der Brandung zerschlagen und gerundet. Deshalb findet man an diesen Geröllstränden viel häufiger größere Feuersteinknollen als an der Kreideküste.

Besonders breite Feuersteinstrände gibt es heute dort, wo früher Kalkstein direkt am Ufer abgebaut wurde wie z.B. am Smygehuk. Dabei sonderte man den Feuerstein aus – er blieb am Strand zurück.

FELDER AUS FEUERSTEIN

Von der Ostsee aufgeschüttet – bei Mukran auf Rügen

Seit etwa 6 000 Jahren arbeitet das Meer an den Kreidesteilufern auf Rügen und Møn. In dieser Zeit wurden gewaltige Mengen an Feuerstein aus der Schreibkreide herausgewaschen, zu Geröllen geformt, abtransportiert und an anderer Stelle wieder abgelagert. Das interessanteste Beispiel für eine solche Ablagerung findet man zwischen Sassnitz und Binz auf der Insel Rügen: die Feuersteinfelder der Schmalen Heide bei Neu Mukran.

Vor etwa 3 500 bis 4 000 Jahren transportierte die Ostsee bei vielen schweren Sturmfluten riesige Massen an Feuersteingeröll von der Halbinsel Jasmund nach Süden und schüttete sie hier zu einem ganzen System von Strandwällen auf. So entstanden die weithin bekannten Steinfelder der Schmalen Heide, einer breiten Nehrung zwischen der Halbinsel Jasmund und dem Granitzgebiet. Auf einer viele Hektar großen Fläche lagern in diesem Naturschutzgebiet mehrere Meter dicke Schichten von hühnereigroßen Geröllen – 90 Prozent davon sind Feuerstein.

Auch auf Møn gibt es solche alten Strandwälle aus Feuerstein. Auf der im Nordwesten der Insel gelegenen Halbinsel Ulvshale liegt ein weitläufiges Strandwallsystem aus Feuersteingeröllen. Es ist allerdings bereits vollständig bewaldet. Den Feuersteinfeldern von Neu Mukran droht voraussichtlich das gleiche Schicksal. Die Vegetation ist auch hier schon dabei, die kahlen Geröllfelder zu überwuchern.

Feuersteinfelder auf der Schmalen Heide bei Neu Mukran/Rügen

VOM INLANDEIS VERSTREUT

Die große Wanderung der Feuersteine

Die heutige Verbreitung des Ostsee-Feuersteins reicht weit über sein Entstehungsgebiet hinaus. Grund dafür ist die **Eiszeit.** Mit ihr ist das Schicksal des Feuersteins innig verbunden. Eine gewaltige, kilometerdicke Eismasse, das **Inlandeis**, schob sich in den vergangenen 500 000 Jahren dreimal von Skandinavien her über die Ostsee, den norddeutschen Raum und die benachbarten Gebiete.

Das sich vorschiebende Eis hatte die Wirkung einer gigantischen Planierraupe. Es hobelte die an der Oberfläche der Landschaft liegenden Gesteine tiefgründig ab, darunter auch die weit verbreiteten „Muttergesteine" des Feuersteins – Schreibkreide und Dankalke.

Außerdem wurden alle Feuersteinkonzentrationen abgetragen, die sich in den rund 60 Millionen Jahren nach der Feuersteinentstehung an der Oberfläche gebildet hatten – bei der Verwitterung oder Meeresabtragung der „Muttergesteine".

Während Kalk und Schreibkreide fein zerrieben wurden, schob das Eis die harten Feuersteine zusammen mit vielen anderen Gesteinsbrocken als **Geschiebe** über kürzere oder längere Strecken nach Süden.

Dort wurden die Geschiebe vom abschmelzenden Eis in den **Moränen** abgelagert – in Grundmoränen, Endmoränen und Sandern. Diese eiszeitlichen Ablagerungen bedecken heute als dicke Schicht weite Teile Norddeutschlands und Dänemarks. Überall da, wo man eiszeitliche Ablagerungen findet, gibt es deshalb auch Feuerstein. So an allen Steilküsten der deutschen und dänischen Ostseeküste. Hier wird er an vielen Stellen zusammen mit anderen Geschieben aus den Steilufern gewaschen und ist somit an allen Geröllstränden (Geschiebestränden) zu finden.

Natürlich gibt es den vom Inlandeis verstreuten Feuerstein auch in den Moränengebieten weitab der Küste – in jeder Kiesgrube, auf jedem Feldsteinhaufen… Millionen Tonnen von Feuerstein wurden während der Eiszeit verfrachtet und auf einem riesengroßen Gebiet verteilt.

So ungefähr sah es am Rand des Inlandeises aus – Endmoränen und Sander am Skaftafelljökull auf Island

Im Kreis (ø ca. 1 m): eiszeitliche Ablagerungen – Schmelzwassersand und -kies mit viel Feuerstein

ÜBERALL FEUERSTEIN!

Ein sehr weit verbreitetes Geröll

Gerölle aus Feuerstein gibt es natürlich dort am häufigsten, wo seine Muttergesteine in unmittelbarer Nähe sind – an den Geröllstränden vor den Schreibkreide-Kliffs auf Rügen und Møn, vor den Dankalk-Steilküsten in Dänemark und an einigen Stränden auf Schonen.

Feuerstein findet man aber auch überall, wo es an den deutschen Stränden irgendwo Geröll oder Kies gibt – auf Sylt ebenso wie auf Usedom, am Strelasund ebenso wie an der Flensburger Förde. Gleiches gilt für die Küsten in Dänemark und für manche der Niederlande.

Einige dieser Geschiebestrände mit besonders interessanten Feuersteinen seien hier genannt: das Dornbusch-Kliff auf Hiddensee, das Fischland-Hochufer bei Ahrenshoop, das Stoltera-Kliff bei Warnemünde, das Steilufer am Klützer Höved bei Boltenhagen, das Brodtener Ufer bei Travemünde, das Steilufer westlich Heiligenhafen, das Kliff zwischen Stohl und Dänisch Nienhof vor Kiel.

In Dänemark findet man solche Ufer beispielsweise an vielen Stellen des Limfjords, an Skagens Odde und der Gedser Odde.

Sandstrand mit Geröll (Geschieben) an Skagens Odde, dem nördlichsten Punkt Jütlands (Dänemark) – Dazwischen liegt viel Feuerstein.

Und auf jedem steinigen Acker in Norddeutschland, in jeder Kiesgrube trifft man auf ihn. Er ist in den Elbschottern Sachsens ebenso zu finden wie am Strand der Helgoländer Düne. Weil er so häufig ist, fällt er meist gar nicht auf. Er gehört eben einfach zum „Inventar" unserer Landschaft.

Inlandeis und Schmelzwässer der vergangenen 500 000 Jahre haben den Feuerstein weit verbreitet. Nun ist der Mensch dabei, ihn noch weiter zu verstreuen. Kies mit Feuerstein ist ein wichtiges Baumaterial und wird über große Entfernungen verfrachtet. Mit aufgespülten Sandmassen kommt er an die Strände. Dort bleibt er als Letztes liegen, wenn das Meer den Sand längst schon wieder weggespült hat. So wandert Feuerstein also weiter – auch in den Taschen der vielen Urlauber und Küstenbewohner, die ihn mit großer Leidenschaft sammeln und ihn als Schmuck für Haus, Hof und Garten zu ihrem Wohnort transportieren.

DIE HÄUFIGSTEN FEUERSTEINARTEN

Schreibkreide-Feuerstein – dunkelgrau und spröde

< Schreibkreide-Feuerstein in einigen seiner charakteristischen Erscheinungsformen

Feuersteine gibt es in einer unglaublichen Vielfalt von Farben, Formen und Größen. Kein Exemplar gleicht im Detail dem anderen – jedes Stück ist ein Unikat. Aber natürlich besitzen Feuersteine gleichen Alters und einheitlicher Herkunft auch so manche gemeinsame Eigenschaft.

Hier sind die beiden häufigsten Arten (besser vielleicht Varietäten) von Feuerstein dargestellt, wie sie an den meisten Geröllstränden an der Ost- und Nordseeküste nebeneinander gefunden werden: der etwa 67–68 Millionen Jahre alte **Schreibkreide-Feuerstein**, der am Ende der Kreidezeit entstand und der etwa 65–66 Millionen Jahre alte **Dankalk-Feuerstein** aus dem ältesten Tertiär. Beide unterscheiden sich nicht nur durch ihre augenscheinlichen Unterschiede in der Färbung, sondern auch in ihren mechanischen Eigenschaften. Während der insgesamt dunklere Schreibkreide-Feuerstein bei völlig gleicher

Dankalk-Feuerstein – hellgrau und zäh

Härte fast immer recht spröde ist und bei hartem Schlag leicht splittert, reagiert der deutlich hellere Dankalk-Feuerstein auf diesen Schlag wesentlich zäher. Daher wurde er auch bei der Herstellung von Feuersteingeräten bevorzugt, denn die daraus gefertigten Gegenstände zersprangen weitaus seltener.

Der dunkle Schreibkreide-Feuerstein ist den allermeisten Strandwanderern vertraut. Dagegen wird der hellere und auf den ersten Blick an Kalkstein erinnernde Dankalk-Feuerstein oft gar nicht als Feuerstein wahrgenommen. Dabei gibt es auch in Deutschland einige Küstenabschnitte, an denen er deutlich häufiger ist als der Schreibkreide-Feuerstein.

Längst nicht jedes Feuersteingeröll lässt sich einer dieser beiden Arten zuordnen. Denn es gibt nicht nur Feuersteine anderer Herkunft, die man als Geschiebe findet (siehe Seite 36), sondern auch zahllose Farbschattierungen und ebenso viele oberflächliche Verfärbungen – siehe folgende Doppelseite.

> Dankalk-Feuerstein in einigen seiner charakteristischen Erscheinungsformen

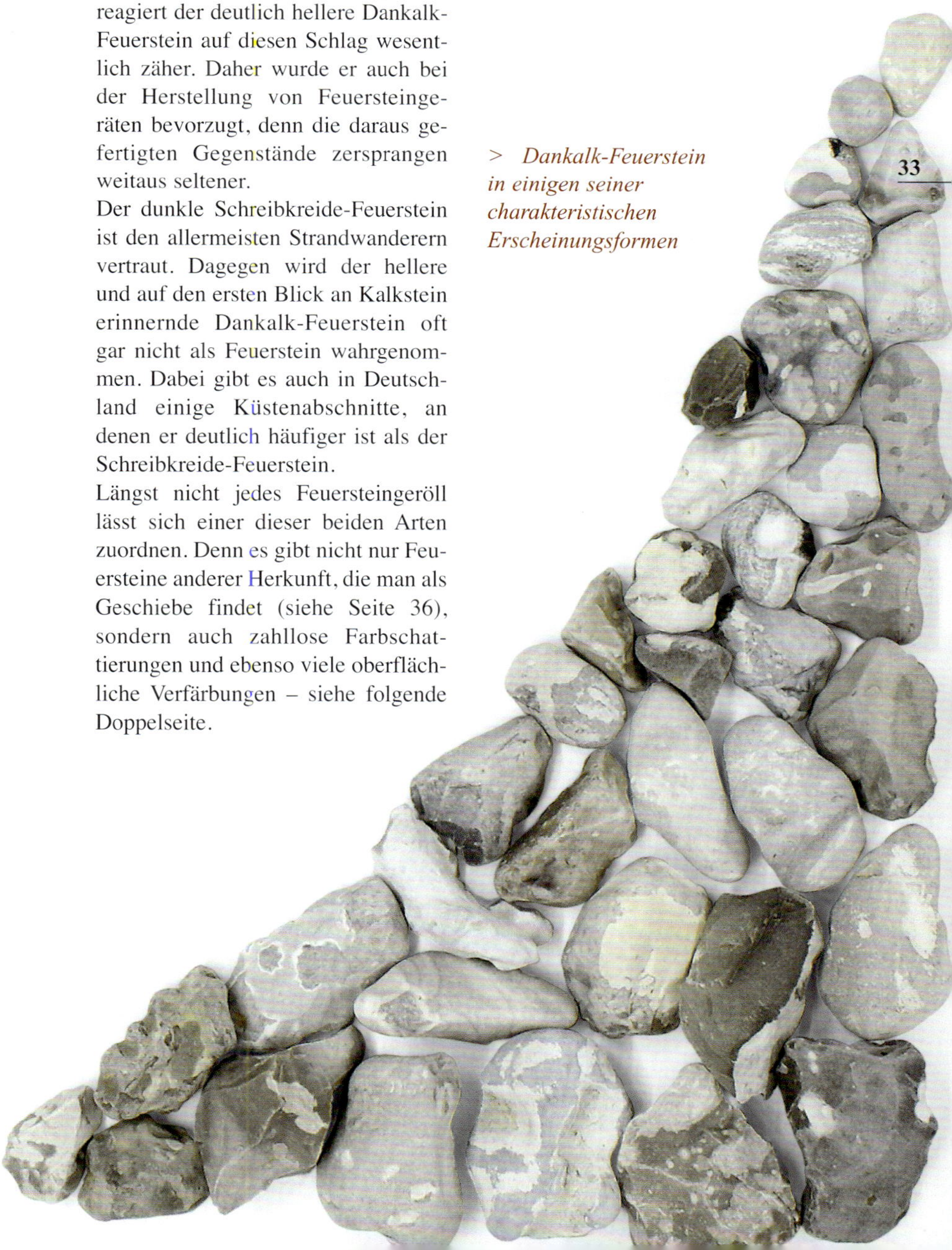

ALLES FEUERSTEIN!

Vielfalt von Farben und Verfärbungen

Wer Feuerstein sammelt, wird manchmal unsicher sein, ob er tatsächlich einen Feuerstein in der Hand hält – so vielfältig sind seine Farben. Feuersteingerölle können von tiefschwarz bis fast reinweiß und von zartgelb bis dunkelrot sein. Es gibt die verschiedensten Grautöne, die oft auch ins Bläuliche spielen. Manche Stücke erinnern sogar an Bernstein... Dieses Foto mit einer kleinen Auswahl von Feuersteingeröllen, die an den Stränden von Nord- und Ostsee gefunden wurden, soll die ungewöhnliche Farbenvielfalt illustrieren.

Die Farben des Feuersteins sind meist auf unterschiedliche, insgesamt aber sehr geringe Mengen von Eisenverbindungen zurückzuführen.

Bei genauerer Betrachtung mancher frisch zerbrochener Gerölle wird man bemerken, dass die Oberfläche des Fundstückes eine ganz andere Färbung – meist eine deutlich hellere – als das Innere zeigt. Vielfach ist es nur eine hauchdünne oberflächliche Verfärbung, die bei innen schwarzen Feuersteinen bräunlich, bei grauen eher gelblich sein kann. Aber auch ein helles Grau in vielen Schattierungen ist üblich. Eine solche dünne **Patina** erhielt jener Feuerstein, der lange Zeit an der Erdoberfläche oder in eisenhaltigem bzw. humosem Grundwasser lag. Dabei kam es meist zu einer Veränderung der Eisenverbindungen. Man kennt auch grünliche Verfärbungen der Oberfläche.

Es fällt auf, dass Feuersteine mit Patina an der Nordseeküste deutlich häufiger vorkommen als an der deutschen Ostseeküste. Der wichtigste Grund dafür liegt in der Eiszeit: Während der letzten Vereisung war nur das östliche Gebiet mit Eis bedeckt. Dagegen lagen im Westen weite flache Areale viele Jahrtausende lang eis-, aber auch vegetationsfrei. Auf großen Flächen hatte der Wind alles feinere Material weggeblasen – nur Gerölle bedeckten die Landoberfläche, darunter auch viele Feuersteine. Und die erhielten damals ihre Patina.

Ebenfalls an der Nordseeküste sind hin und wieder tiefschwarze, glänzende Feuersteingerölle zu finden, die aussehen, als wären sie poliert. Tatsächlich erhielten sie Schliff und Politur – durch feinen Sand, den der Wind sehr lange Zeit über diese Gerölle trieb. Auch das geschah während der Eiszeit – oder kurz danach.

Und verständlicherweise zeigen auch die meisten vom Menschen gefertigten Feuersteingeräte eine Patina – siehe Seiten 48–51.

*Wer prüfen möchte, ob er tatsächlich Feuerstein gefunden hat, der kann das mit der **Ritzprobe** tun. Ein mit der Messerspitze geritzter Feuerstein zeigt keinen Kratzer, sondern eine Metallspur. Der Feuerstein dagegen hinterlässt auf der Messerschneide deutliche Kratzer: Feuerstein ist eben härter als Stahl.*

> Feuersteingerölle von den Stränden an Nord- und Ostsee – Die größten Stücke sind etwa 6 cm lang.

ALLES FEUERSTEIN !

Besondere Arten von Feuerstein

Nicht nur in Farben und Formen seiner Oberfläche zeigt sich Feuerstein als ein unglaublich vielfältiges Material. Kaum eine Knolle bzw. ein Geröll von Schreibkreide- und Dankalk-Feuerstein ist in sich ganz einheitlich gefärbt. Neben den vielen „Spielarten" dieser beiden am weitesten verbreiteten Feuersteinarten gibt es an der Nord- und Ostseeküste auch einige seltenere, deutlich von diesen abweichende. Drei Beispiele dazu sind hier abgebildet. Von manchen – wie bei den gefleckten Feuersteinen aus Südschweden oder bei den intensiv roten Feuersteinen von der Helgoländer Düne – kennt man das „Muttergestein" recht genau. Bei einigen anderen ist die Herkunft unbekannt.

Gefleckte Feuersteine, ca. 90 Millionen Jahre alt, aus dem Gebiet von Kristianstad/Südschweden – Strandfunde von Rügen (Stücke ca. 8–10 cm lang)

> Roter Feuerstein mit dicker weißer Rinde, ca. 90 Millionen Jahre alt – Helgoland (Düne) (Länge ca. 15 cm) – Original im Kreidemuseum Gummanz

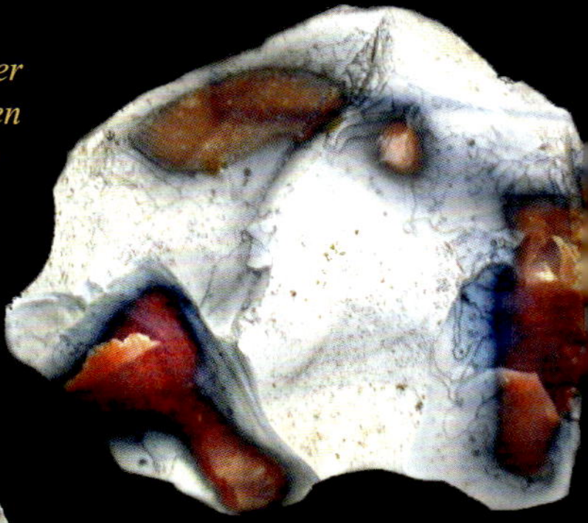

< Gebänderter Feuerstein unbekannter Herkunft – Strandfund von Bornholm, (Länge 20 cm)

Besondere Einlagerungen im Feuerstein

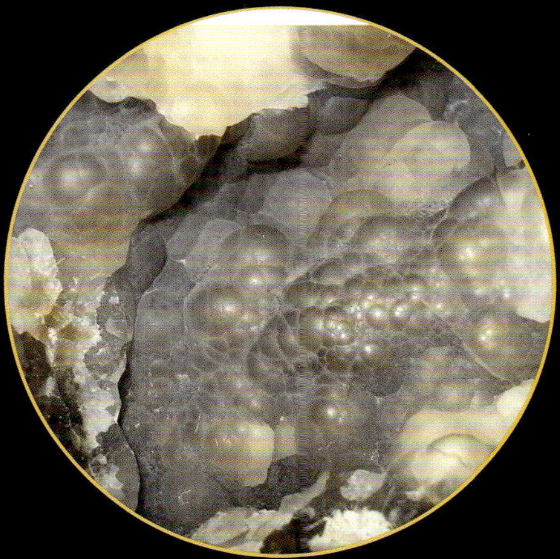

Mit Chalzedon gefüllte Druse in einem Schreibkreide-Feuerstein (ø 6 cm) – Sammlung R. Braasch, Raben Steinfeld

Wer Feuerstein sammelt, wird immer wieder überrascht von Einlagerungen bzw. Einschlüssen. Die wohl schönsten sind kleine Hohlräume, **Drusen**, ausgekleidet mit winzigen **Bergkristallen**. Hier ist Quarz sehr langsam in dem einst mit kieselsäurereichem Schichtwasser gefüllten Hohlraum auskristallisiert. Wunderschön erscheinen auch die kleinen Drusen, die mit bläulichem **Chalzedon** ausgekleidet sind. Hier hatte das SiO_2 vermutlich nicht genügend Zeit, um Kristalle zu bilden.
Manche anderen Einschlüsse, die an Fossilien erinnern, sind kleine Knollen älterer Feuersteinbildungen („Gallen"). Außerdem gibt es so manches „Problematikum", bei dessen Deutung nur ein „Feuerstein-Spezialist" (eventuell) weiterhelfen kann.

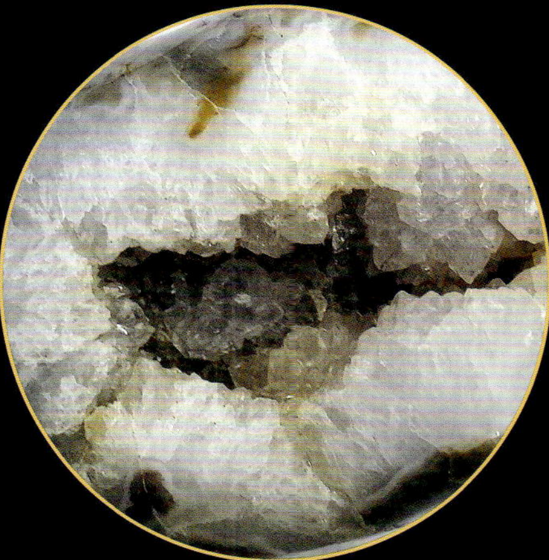

< Mit Quarzkristallen (Bergkristall) gefüllte Druse in einem Dankalk-Feuerstein (ø 5 cm) – Sammlung R. Braasch, Raben Steinfeld

> „Galle" (kein Fossil!) im Feuerstein – Kern aus weißlichem Feuerstein, in dunklerem Feuerstein. (Länge der „Galle" 3 cm)

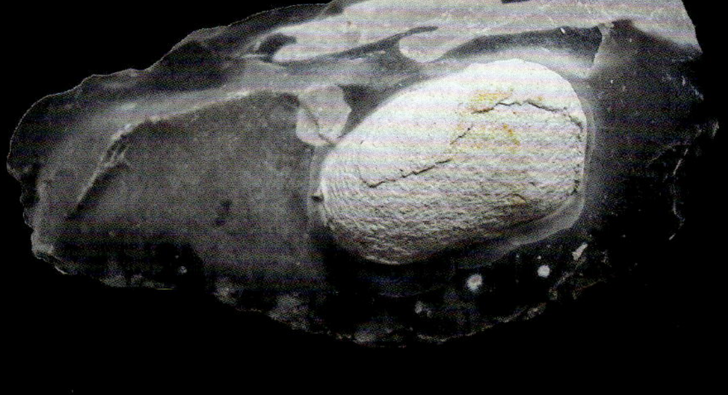

FOSSILIEN AUS FEUERSTEIN

Steinkerne von Meerestieren

Feuersteinkerne fossiler Meerestiere zählen zu den interessantesten und am meisten gesuchten Strandfunden. Aus Schreibkreide und Dankalk stammen hauptsächlich die Steinkerne vieler verschiedener Seeigelarten – so wie rechts unten abgebildet. Seltener sind die Steinkerne verschiedener Muscheln (z.B. die von Steckmuscheln), Armfüßern (Brachiopoden) oder Einzelkorallen. Außerdem gibt es – als Besonderheiten – auch Steinkerne einiger anderer Meerestiere aus diesen Ablagerungen.

Steinkerne sind also die Ausfüllungen von Kalkschalen. Es gibt weiche Füllungen aus Schreibkreide und harte aus Feuerstein. Wie sie entstanden? Die noch geschlossenen Gehäuse der abgestorbenen Tiere lagen im Kreideschlamm des Meeresbodens. Bei einigen drangen durch kleine Körperöffnungen feinste Kalkpartikel ein. So entstand ein Schreibkreide-Steinkern. Bei manchen Schalen aber drang kein Sediment ein – sie blieben mit Schichtwasser gefüllt. Lange Zeit später und tiefer im Kreideschlamm drang dann langsam Kieselsäure in den Hohlraum ein, verdrängte das Wasser und erhärtete schließlich zu Feuerstein – zu einem noch von der hellen Kalkschale des Meerestieres eingehüllten dunklen Feuersteinkern. Auf ihm ist die schöne Zeichnung der Innenwand der Schale deutlich abgedrückt.

< Steinkerne von Einzelkorallen aus der Schreibkreide

< Steinkerne von Steckmuscheln aus der Schreibkreide

< Steinkerne kleiner Muscheln aus der Schreibkreide

Steinkerne von Armfüßern (Brachiopoden) aus der Schreibkreide

Den Feuersteinkernen von Seeigeln haftet anfangs noch die weißliche Kalkschale an. Sie wird aber zwischen dem Geröll in der Brandung rasch abgeschliffen. Dann kommt der helle, fünfstrahlige Abdruck auf dem dunklen dekorativen Steinkern besonders gut zur Geltung.

Stammt der Steinkern aus eiszeitlichen Ablagerungen oder wurde er lange Zeit im Brandungsgeröll hin und her geworfen, so ist diese schöne Zeichnung oft bereits verwischt. Manchmal zeigt nur noch die charakteristische Form des Feuersteins, dass es sich um den Steinkern eines fossilen Seeigels handelt.

Fossiler Seeigel mit Feuersteinkern und teilweise noch anhaftender Kalkschale – Der Steinkern zeigt den Abdruck der Schaleninnenseite mit ihrer charakteristischen Fünfstrahligkeit.

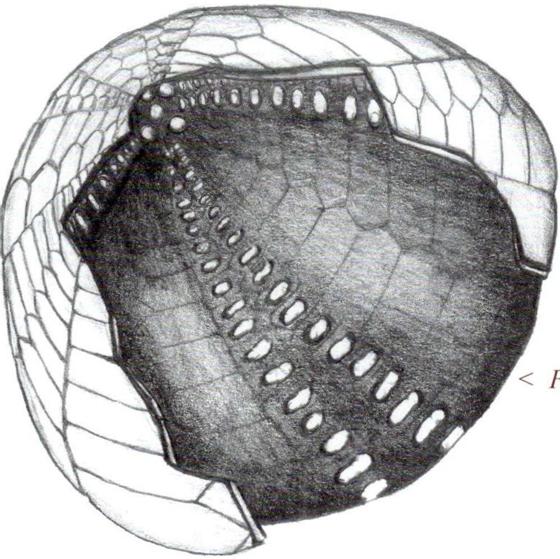

> Steinkerne verschiedener Seeigelarten (z. T. mit noch anhaftender Kalkschale) aus Schreibkreide und Dankalk

FOSSILIEN IM FEUERSTEIN

Schalenreste und Abdrücke aus der Schreibkreide

Alle jene vielfältigen Schalenreste von Meerestieren, die man in der Schreibkreide findet, gibt es auch prinzipiell im oder auf Feuerstein. Auch sehr dünnschalige Exemplare, die sonst leicht zerbrechen, sind hier oft gut erhalten. Wenn die relativ weiche Kalkschale des Fossils dann schließlich zerstört ist, bleibt manchmal ein dekorativer **Abdruck** zurück. Auf dieser Seite sind nur einige wenige charakteristische Funde dieser Art abgebildet.

Mehr über die Fossilien aus der Rügener Schreibkreide findet man in dem kleinen Buch „Steine am Ostseestrand“ (siehe Seite 80).

< Schalen und Steinkerne verschiedener Seeigelarten

Manche der Feuersteinknollen, in denen oder auf denen man Fossilien findet, sind sehr groß oder unhandlich. Oft entsteht der Wunsch, das Fossil aus dem Feuerstein herauszuschlagen oder dem Stück eine „handgerechte" Form zu geben. Dabei geht meist das Fossil entzwei und es besteht große Verletzungsgefahr (siehe Seiten 10–11).

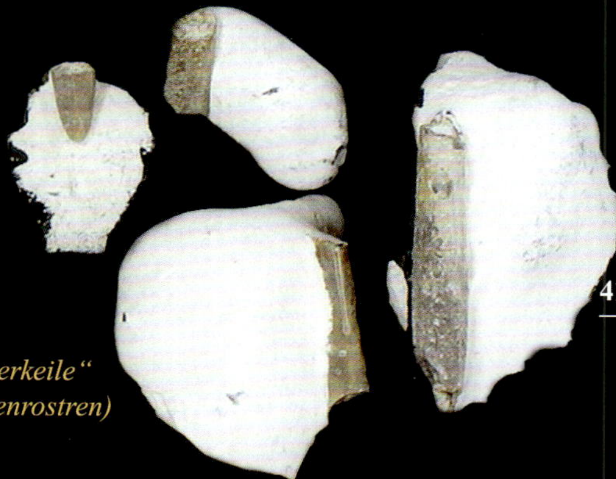

> „Donnerkeile" (Belemnitenrostren)

Im Kreis (ø 5 cm): Muschelabdruck

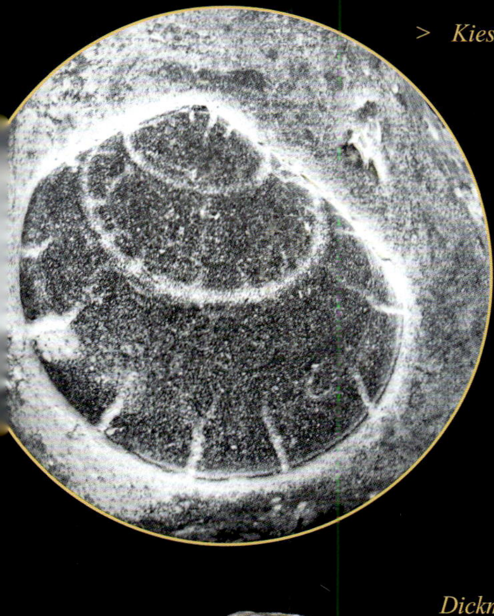

> Kieselschwämme

Dickmuschelschalen

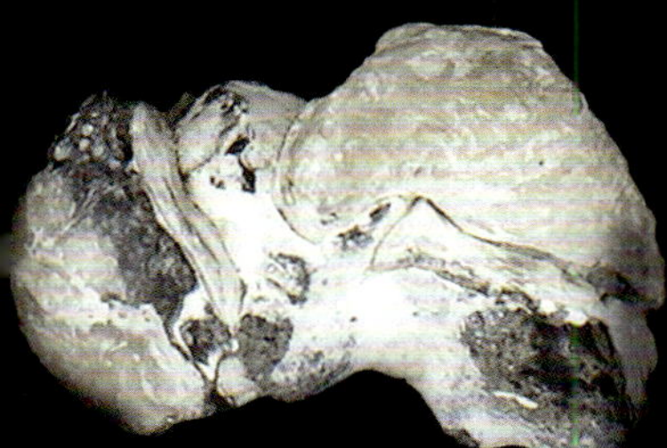

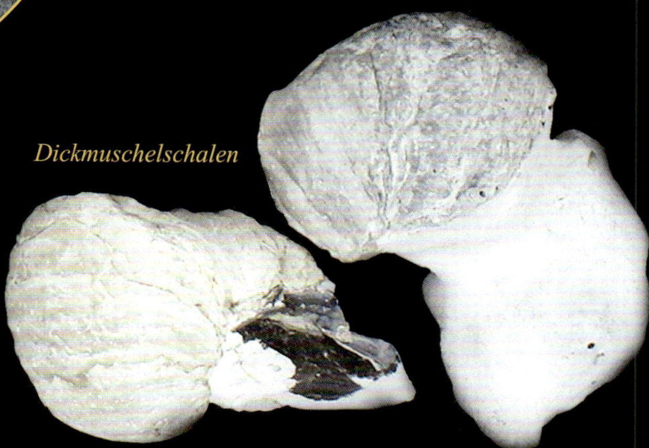

KLAPPERSTEINE

Ungewöhnliche Kugeln aus Feuerstein

Diese Feuersteine fallen dem aufmerksamen Strandwanderer zwischen den anderen Feuersteingeröllen durch ihre kugelrunde Form auf. Bei genauerem Hinsehen entdeckt man an ihrer Oberfläche auch noch kleine Löcher. Dann lohnt es unbedingt, sich etwas genauer mit diesem Fund zu beschäftigen. Es könnte sein, dass es in seinem Inneren bei kräftigem Schütteln deutlich hörbar klappert – dann ist man der glückliche Finder eines Klappersteins.

Was da in der fast immer kugelrunden Feuersteinhülle klappert, ist ein kleiner runder **Kieselschwamm**. Er besaß zu Lebzeiten rundum viele feine wurzelartige Auswüchse, zwischen die sich später Schreibkreide lagerte. Um das Ganze bildete sich schließlich eine kugelrunde Feuersteinhülle, die meist einige feine kleine Löcher besitzt.

Diese Feuersteinkugeln werden aus der Schreibkreide herausgewaschen und mit dem übrigen Geröll im Spiel der Wellen hin und her geworfen. Dabei kommt es vor, dass die Kreide durch die feinen Löcher aus dem Inneren der Kugel gespült wird.

Auf diese Weise wird der kleine Kieselschwamm im Inneren der Feuersteinhülle frei beweglich. Dann klappert er – meist allerdings erst, wenn das Wasser herausgelaufen und der Fund auch innen trocken ist.

Leider klappern sie nicht alle. In vielen Kugeln ist der Schwamm mit seiner Feuersteinhülle verwachsen. Das ist von außen nicht zu erkennen.

Es gehört viel Glück dazu, an der deutschen Ostseeküste einen Klapperstein zu finden. Im Strandgeröll vor der Kreideküste im Nationalpark Jasmund auf Rügen gelten sie als echte Raritäten. Etwas häufiger kommen sie am Kap Arkona vor. Dagegen werden sie in Dänemark am Geröllstrand vor den Kreidesteilufern von Møns Klint auf der Insel Møn recht häufig gefunden.

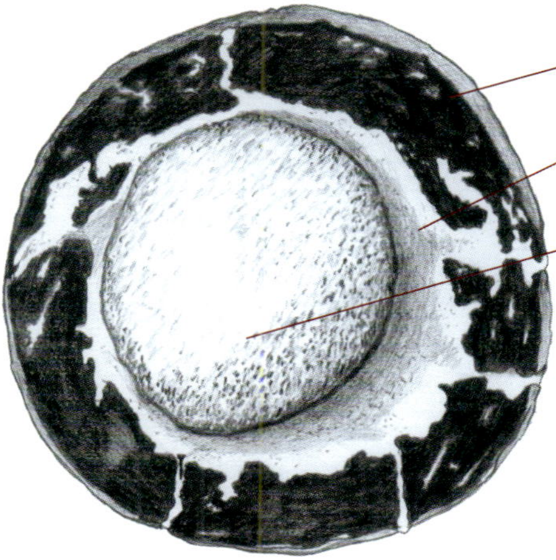

> Feuersteinkugeln mit einem Kieselschwamm als Kern: manche von ihnen klappern – das sind die „echten" Klappersteine. Einige Stücke sind aufgebrochen. (größter ø 12 cm)

Aus der Rügener Schreibkreide frisch heraus gespülte Feuersteinknollen wie diese zeigen oft die absonderlichsten Formen. Unbefangene Strandwanderer meinen manchmal, darin die Reste versteinerter Tiere zu erkennen, die es gar nicht im Feuerstein geben kann. Fachleute haben es manchmal schwer, Laien davon zu überzeugen, dass es eben kein versteinerter Fisch oder Vogel sein kann, den sie da gefunden haben wollen.

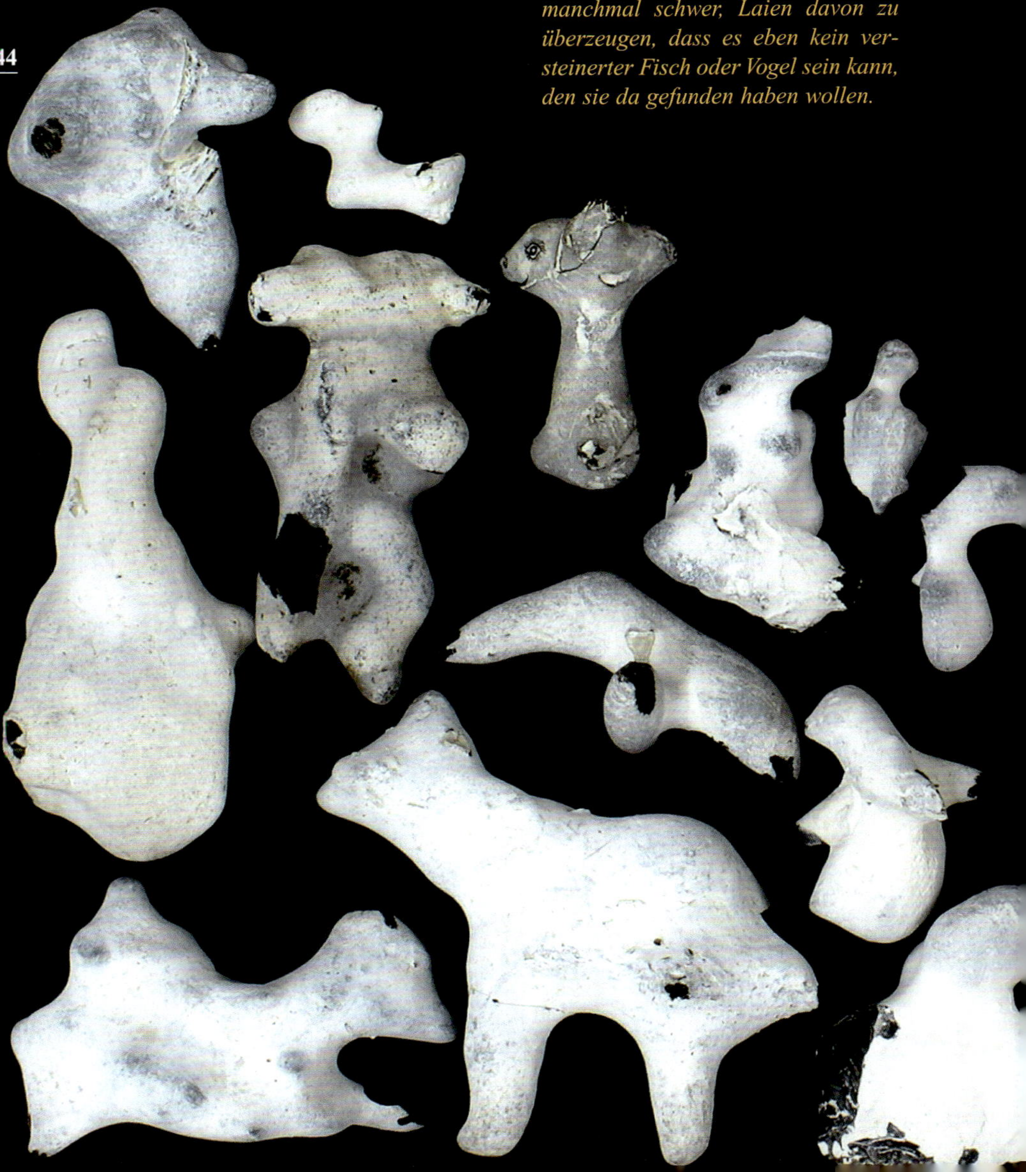

FANTASIEFORMEN

„Pseudofossilien" und Fehldeutungen

Frisch aus der Schreibkreide heraus gewaschene Feuersteinknollen zeigen eine ungewöhnliche Formenfülle – jedes Stück sieht anders aus. Und es gibt darunter unglaublich skurrile Formen. So wundert es nicht, dass man darin beispielsweise Vögel oder Fische, winzige Katzen oder Hunde zu erkennen glaubt. Manche Finder helfen dann sogar mit einem Faserschreiberstrich nach.

Natürlich darf man bei diesen oft fantastischen Formen auch seine Fantasie entfalten – wenn man darüber nicht vergisst, dass in der Realität natürlich keine Weichteile von Meeres- oder gar Landtieren versteinert sind bzw. als Abdruck erhalten blieben.

Selbst mancher realistische Sammler wird unsicher, wenn die von ihm gefundene Feuersteinknolle ganz so aussieht „wie" – wie eine Muschel, ein Schwamm, eine Seegurke... Bei solchen Deutungen sollte der Laie sehr vorsichtig sein – selbst dann, wenn es sich um vermeintliche Reste von Meerestieren aus dem Kreidemeer handelt, die man durchaus als Fossilien kennt. Hinzu kommt, dass auf vielen Feuersteinknollen tatsächlich Strukturen von Fossilien vorhanden sind, dass aber die Form des entsprechenden Feuersteins selbst in keiner Weise damit zusammenhängt. Hier kann nur der Fachmann von Fall zu Fall entscheiden.

Aber selbst wenn die Ursache der Formen oftmals unerklärlich ist, so sollte man sich natürlich an jedem interessant geformten Stück freuen.

> „Ein versteinerter Fischkopf!" So jedenfalls deutete der Finder diesen Feuerstein mit der umschlossenen Dickmuschel. Und wusste auch die Erklärung: „Der Fisch ist gestorben, weil er an der Muschel erstickte." Das Glasauge half, seine Deutung zu untermauern.

WALLSTEINE

Feuersteingerölle vorzeitlicher Meeresküsten

Sie fallen im Strandgeröll sofort auf – die perfekt gerundeten, wie poliert erscheinenden kleinen Gerölle – die **Wallsteine**. Es sind uralte Strandgerölle aus Feuersteinen unterschiedlicher Art. Man vermutet, dass sie vor etwa 57 Millionen Jahren sehr lange Zeit in der Brandung des Tertiärmeeres lagen und dabei ihre Form und Oberfläche erhielten. Das geschah wahrscheinlich an ganz verschiedenen Küstenabschnitten dieses vorzeitlichen Meeres. Anschließend wurden die Wallsteine vermutlich zu Strandwällen angehäuft – daher auch ihr Name. Woher sie aber genau kommen, ist heute nicht mehr festzustellen. Denn alle entsprechenden Ablagerungen wurden ja vom Inlandeis abgetragen und die Wallsteine – genau wie die anderen Feuersteine – über ein riesengroßes Gebiet verstreut.

Ob die heute in der Brandung von Nord- und Ostsee bewegten Feuersteine jemals eine solche perfekte Rundung und eine so glatt polierte Oberfläche bekommen werden, das weiß niemand zu sagen. Fest steht jedenfalls, dass Wallsteine als besondere „Handschmeichler“ bei Strandwanderern und Sammlern sehr beliebt sind. Auch bei Wallsteinen ist jedes Exemplar ein Unikat – im Detail gleicht keines dem anderen.

> Wallsteine von vielen verschiedenen Geröllstränden an Ost- und Nordseeküste. Ebenso sind sie in den eiszeitlichen Ablagerungen des Flachlandes zu finden. Die größten Exemplare sind etwa 6 cm lang.

< Die auf den ersten Blick perfekt geglättete Oberfläche eines Wallsteins zeigt beim genauen Hinsehen oft ein feines Netz von Einkerbungen. Außerdem ist diese Oberfläche meist heller und anders gefärbt als der Kern. Fast alle Wallsteine zeigen also eine Patina (siehe Seite 34). Dieser Wallstein ist 4 cm lang.

FEUERSTEIN ALS ROHSTOFF

Einst für den Menschen unentbehrlich

Feuerstein ist untrennbar mit der Geschichte der Menschheit verbunden. Er zählte zu den wichtigsten Rohstoffen. Aus ihm fertigte der Mensch über die allerlängste Zeit seiner Existenz in vielen Regionen der Erde die meisten seiner Werkzeuge und Waffen.

Anfangs – in der Altsteinzeit, schon vor über 100 000 Jahren – waren es nur grob zugehauene **Faustkeile**. Später erreichte man bei der Feuersteinbearbeitung eine bemerkenswerte Perfektion. Abschläge von einem Kernstein wurden beispielsweise zu **Schabern, Klingen, Dolchen, Pfeil- und Speerspitzen** weiter verarbeitet.

Weil Feuersteingeräte bei und nach ihrem Gebrauch natürlich lange Zeit an der Oberfläche lagen, bekamen auch sie eine **Patina** (siehe Seite 34). Daran erkennt man oft auf den ersten Blick, dass es sich um ein vom Menschen abgeschlagenes Stück Feuerstein, um einen **Abschlag**, handelt – mag es auch manchmal nur ein nicht weiter bearbeitetes Stück sein.

Vielfach erkennt man Feuersteingeräte auch an der feinen Zahnung ihrer Kanten, der **Retusche**, die dem Schärfen der Schnittflächen diente.

Im nördlichen Mitteleuropa wurden die Feuersteingeräte hauptsächlich aus Dankalk-Feuerstein gefertigt. Dieser eignete sich wesentlich besser dazu als der besonders spröde Schreibkreide-Feuerstein.

Feuersteine, die man an der Erdoberfläche fand, eigneten sich weniger gut zur Verarbeitung als „bergfeuchte“, also solche, die direkt aus dem „Muttergestein“ geborgen wurden. Deshalb findet man an manchen Stellen in Europa auch die Reste **steinzeitlicher Feuersteingruben** – die ersten „Bergwerke“, die der Mensch betrieb. Auch bei Ålborg in Dänemark gibt es solche Feuersteingruben aus der Jungsteinzeit.

Die hier abgebildeten Funde – Feuersteingeräte und -abschläge verschiedenster Art – stammen zum größten Teil von den Stränden und Feldern der Insel Rügen.

BEILE AUS FEUERSTEIN

Wichtige Werkzeuge der Steinzeitmenschen

Weit länger als zehn Jahrtausende wurden mit solchen Beilen dicke Bäume gefällt, Stämme gespalten und Bretter geglättet. Die hier abgebildeten Steinbeile sollen nur Beispiele dafür sein, wie wichtig der Feuerstein in der Menschheitsgeschichte war. Solche Beile und eine Vielfalt anderer Geräte aus Feuerstein sind heute als Zeitzeugen wertvolles Kulturgut und in zahlreichen Museen ausgestellt.

Findet man ein abgerolltes Feuersteingerät zwischen dem Strandgeröll, so darf man es getrost mit nach Hause nehmen. Derartige Funde sind unproblematisch. Wer dagegen zielgerichtet im Gelände nach Feuersteingeräten sucht oder dort einen bemerkenswerten Zufallsfund tätigt, der kommt mit dem Gesetz über Bodenfunde in Berührung. In allen deutschen Bundesländern und in Dänemark sind dabei gefundene Objekte bei den entsprechenden staatlichen Ämtern zu melden.

> Herstellung eines Feuersteinbeils: Mit einem Schlagstein – meist ein runder Feuerstein – erhielt der Rohling eines Feuersteinbeils auf diese Weise seine endgültige Form. Eventuell wurde er später noch geschliffen.

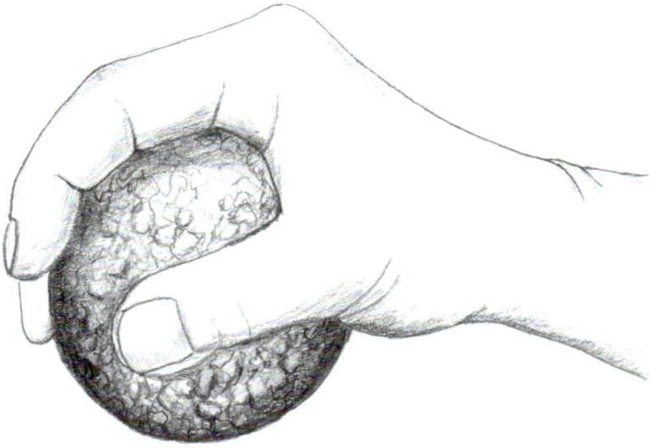

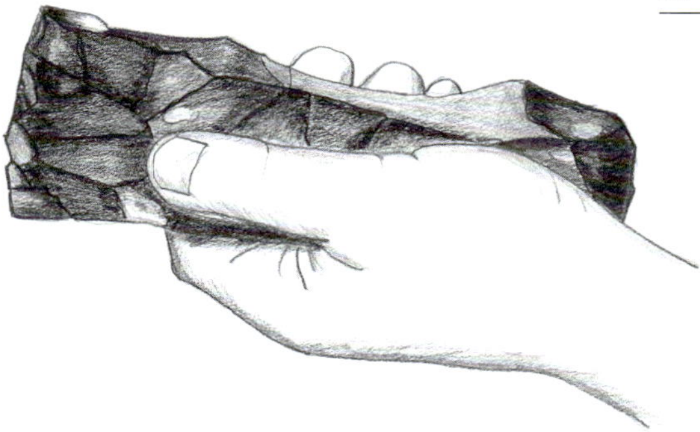

Feuersteinbeile verschiedener Art und von unterschiedlichem Alter – Das mittlere ist komplett geschliffen, beim ersten und dritten von rechts nur die Schneide. – Grabfunde von Südostrügen aus den Beständen des Mönchguter Heimatmuseums in Göhren auf Rügen

OHNE FEUERSTEIN KEIN FEUER

Das historische Feuerzeug: Feuerstein, Stahl und Zunder

Schlägt man Feuersteine aufeinander, so erhält man zwar Funken, aber keine zündenden. Diese lieferte früher der **Pyrit** („Schwefelkies" = Eisensulfid, ein häufiges Erzmineral), später der **Stahl** (Feuerstahl) bzw. das **Feuereisen** (Schlageisen).

Man schlug den Pyrit (bzw. den Stahl) mit kurzen, schnellen Schlägen auf die Kante des Feuersteins. Dabei wurden feine, aufglühende Partikelchen aus dem Pyrit (bzw. Eisen/Stahl) gerissen. Diese Funken waren langlebiger und konnten, wenn sie auf den **Zunder** gelangten, ein winziges Glutnest bilden. Zunder stellte man aus dem **Zunderschwamm** her, einem häufigen Baumpilz. Das Glutnest im Zunder wurde durch vorsichtiges Pusten vergrößert und in ein größeres Nest aus anderem leicht entzündbaren Material gegeben. Hatte man Glück, so brannte es sofort.

Was uns heute als außerordentlich schwierige Prozedur erscheint, gehörte über die Jahrtausende zur täglichen Routine. Erst die Erfindung der Streichhölzer am Anfang des 19. Jahrhunderts beendete die Dominanz von Feuerstein, Feuereisen und Zunder – von diesem **Zeug, mit dem man Feuer macht**. Heutige Feuerzeuge kommen ohne Feuerstein aus.

Rohmaterial für das historische Feuerzeug:
– Pyrit („Schwefelkies", links)
– Feuerstein (rechts)
– Zunderschwamm (unten)

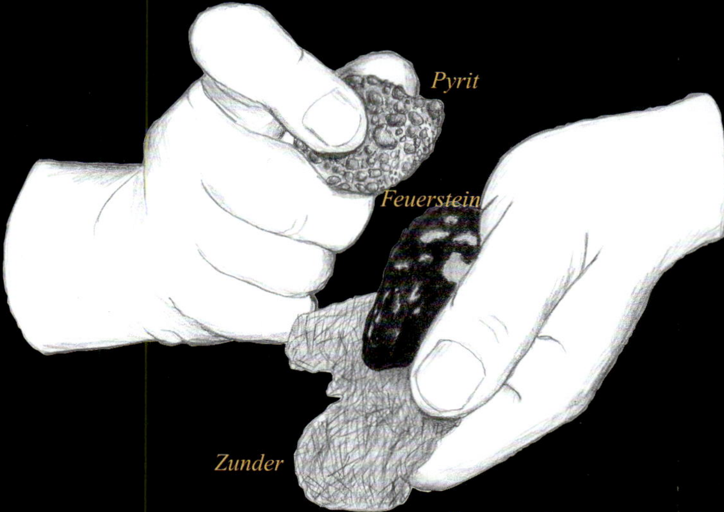

So wurde in der Steinzeit Feuer geschlagen. Später übernahm der Stahl (das Feuereisen), die Funktion von Pyrit.

historisches Feuereisen

VON KUGELFLINT UND FLINTE

Wozu Feuerstein früher auch verwendet wurde

Wozu Feuerstein – früher vielfach auch **Flint** genannt – einstmals verwendet wurde, ist heute teilweise bereits vergessen. Noch 1979 lagen am mecklenburgischen Ostseestrand östlich von Kühlungsborn diese Haufen besonders gut gerundeter Feuersteine, die das Foto zeigt. Man hatte sie am Strand als **„Kugelflint"** aufgesammelt. Ähnliches konnte man damals auch an anderen Stellen der deutschen Ostseeküste beobachten. Diese gerundeten Feuersteine wurden früher als Mahlkörper für Kugelmühlen z. B. bei der Zementherstellung verwendet. Große Mengen davon hat man in der Vergangenheit auch in Dänemark gewonnen – beispielsweise auf den heute längst bewachsenen Feuersteinfeldern von Ulvshale auf der Insel Møn.

> „Kugelflint" – zusammengetragen am Strand östlich von Kühlungsborn (April 1979)

Am Hafen von Rødvig auf Seeland steht als technisches Denkmal der wohl letzte **Feuerstein-Brennofen**. Ganz in der Nähe baute man früher Dankalk ab. Dabei wurde sehr viel Feuerstein frei, der dann gebrannt und zu **Glasuren** verarbeitet wurde.
Auch die Bezeichnung **„Flinte"** für ein historisches **Steinschloss-Gewehr** geht auf Flint (also den Feuerstein) zurück. Löste man bei dieser Schusswaffe das gespannte Schloss aus, so schlug der im Hahn eingespannte Flint gegen den Stahl der „Batterie" und riss dort Funken heraus. Diese entzündeten das Pulver (Zündkraut) in der Pfanne, das zum Zündloch vorbrannte und schließlich die Treibladung dieses Vorderladergewehrs zündete.

__Flint__ in einer __Flinte__ – der gespannte Hahn eines Steinschloss-Gewehrs mit eingespanntem Feuerstein

HÜHNERGÖTTER

Kleine durchlöcherte Feuersteine, am Strand gefunden, werden gern als Amulett am Lederband oder Silberkettchen um den Hals getragen. Man nennt sie heute überall „Hühnergötter". Dieser Begriff hat eine ungewöhnliche, interessante Geschichte, über die auf der nächsten Seite berichtet wird.

Die sehr populären Hühnergötter zählen zu den am meisten gesuchten Strandsteinen an Ostsee und Nordsee. Jeder möchte gern einen solchen kleinen Glücksbringer finden und ihn als Urlaubssouvenir mit nach Hause nehmen. Hühnergötter aber wollen oft mit viel Geduld gesucht werden.

Auch viel größere Lochsteine werden heute meist als Hühnergötter bezeichnet, obwohl sie sich kaum zum Amulett eignen. Dafür sind sie vielerorts als originelle Dekorationssteine sehr begehrt.

Zu den Besonderheiten zählen die „Riesen-Hühnergötter" – zentnerschwere Lochsteine. Ihre Entstehung ist ebenso rätselhaft wie der Ursprung der meisten anderen Löcher in den Hühnergöttern.

WESHALB „HÜHNERGOTT“?

Der legendäre Ursprung des Namens

Es ist noch gar nicht so lange her, da sprach man nur von „Lochsteinen“. Diese waren damals als Talisman sicher ebenso beliebt wie heute die „Hühnergötter“.

Dann erschien 1963 in einem ostdeutschen Verlag ein Büchlein von **Jewgeni Jewtuschenko** mit dem Titel **„Der Hühnergott“**. In dieser hübschen, kleinen, im Sommerurlaub auf der Krim am Schwarzen Meer spielenden Liebesgeschichte des russischen Autors kommt auch ein Lochstein vor. Und für den verwendet Jewtuschenko die auf der Krim ortsübliche Bezeichnung „Hühnergott“, die auf einen Brauch der dort ansässigen Tataren zurückgeht. Sie hängten oder legten durchlöchterte Steine (vermutlich sogar Feuersteine, die auch an den Stränden der Krim vorkommen) in die Hühnerställe, um das Federvieh vor Krankheit zu schützen, Gesundheit und Legefreudligkeit des Federviehs zu verbessern.

Das Büchlein „Der Hühnergott“ wurde in Ostdeutschland bald zum „Kultbuch“ und der einprägsame Begriff „Hühnergott“ rasch populär. Heute zählt er längst zur Selbstverständlichkeit im Sprachgebrauch und gilt inzwischen als gesamtdeutsches sprachliches Allgemeingut.

Die meisten Strandwanderer, die heute auf der Suche nach Hühnergöttern sind, werden wohl kaum darüber nachdenken, woher die Bezeichnung für diese kleinen Amulette stammt, die sie so gern am Lederband um den Hals tragen.

Fest steht aber, dass es nicht nur auf der Krim, sondern auch in anderen Regionen Europas den Aberglauben gab, dass man Haustiere durch Lochstein-Amulette („Götter“) vor Unheil schützen könne – wie auf den nächsten beiden Seiten erläutert.

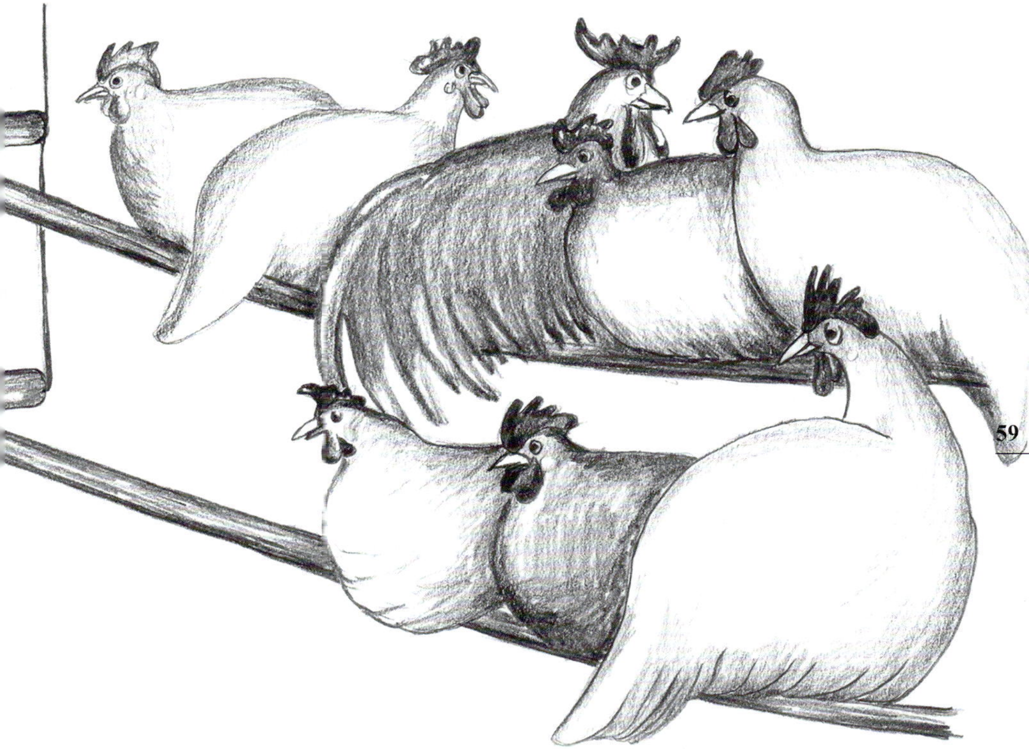

„VIEHGÖTTER“

Lochsteine im Volksglauben früherer Zeiten

Das Vieh zählte in längst vergangenen Jahrhunderten zum wertvollsten Besitz der Bauern. So nahmen sie jede Möglichkeit wahr, diese Haustiere zu schützen, vor Unglück und Seuchen zu bewahren. Deshalb suchte man auch Hilfe bei jenen kleinen Gottheiten, von denen man sich – aus uralter Überlieferung – Schutz vor Hexen und bösen Geistern aller Art erhoffte. „Aberglaube“ hieß das Ganze dann in christlicher Zeit und wurde (weil vielleicht doch irgendwie wirksam) auch weiterhin praktiziert: Lochsteine wurden auch weiterhin an die Stalltüren oder in die Ställe gehängt. Dieser Brauch war wohl überall in Europa, wo man solche Lochsteine fand, noch lange recht weit verbreitet.

Sowohl in Deutschland, als auch in Frankreich und England hing man oft durchlöcherte Feuersteine in die Kuh- und Pferdeställe – gegen die **Truten** oder **Schrate** genannten bösen Geister. Deshalb gibt es auch aus der Überlieferung für Lochsteine die Bezeichnungen **„Trutensteine“** und **„Schratensteine“**.

Im slawischen Raum Osteuropas wurden Lochsteine direkt als **„Viehgötter“** bezeichnet – sie sollten vermutlich die für das Vieh gefährlichen „bösen Blicke“ abwehren und die für den Schutz der Haustiere zuständige Gottheit beschwören. Denn es gab im uralten slawischen Volksglauben ausreichend Gefahren, die es abzuwehren galt – beispielsweise einen Unglück für Mensch und Tier bringenden weiblichen Poltergeist, die Kikimora. Besonders wirksam gegen ihr Tun sollten Lochsteine oder andere durchlöcherte Gegenstände sein.

Noch vor wenigen Jahrzehnten fand man in den Ecken der Dachböden von alten Häusern, Scheunen oder Ställen hin und wieder Lochsteine. Ob sie einst vielleicht als „Götter“ vor Gefahren schützen sollten oder vielleicht ganz praktischen Zwecken dienten – das lässt sich heute nicht mehr in Erfahrung bringen. Man weiß aber sehr wohl, dass durchlöcherte Feuersteine einst ihren festen Platz im Volksglauben und in der Mythologie vieler Regionen hatten.

Größere Lochsteine wurden früher als „Viehgötter“ zum Schutz des Viehs vor Gefahren aller Art in die Türöffnungen der Kuh- und Pferdeställe oder auch direkt in die Ställe gehängt.

GLÜCKSSTEINE

Selbst gefundene Amulette vom Meeresstrand

Sie bringen Glück. Das ist die feste Überzeugung Vieler, die einen Hühnergott um den Hals tragen – am Lederband, am Silberkettchen oder nur am einfachen Bindfaden bei der sommerlichen Strandwanderung. Für die Meisten steht fest: Ein Hühnergott, der wirklich Glück bringen soll, muss entweder selbst gefunden sein – oder ein Geschenk von lieber Hand.

Meist ist das kleine Amulett auch Erinnerung an schöne Urlaubstage, an besondere Stunden am Meer, an den glücklichen Fund des Talismans, dessen Wirkung umso eher eintritt, je fester man daran glaubt – so wie bei allen anderen Amuletten auch.

Wie ein Hühnergott exakt beschaffen sein muss, das hat noch niemand festgelegt. Da jeder Stein ein Original ist, spielen Form und Größe überhaupt keine Rolle. Bestimmt gibt es keinen „perfekten“ Hühnergott.

Ob das Tragen mehrerer Hühnergötter die gewünschte Wirkung möglicherweise verstärkt, ist ebenso ungewiss wie die Wirkung von Steinen mit mehreren Löchern.

JEDES STÜCK EIN UNIKAT

Die einzigartigen Hühnergötter

Nein – es gibt keinen ein zweites Mal. Jeder Hühnergott ist – ebenso wie man es von den Feuersteinknollen kennt – mit Sicherheit ein Unikat. Größe, Form und Oberfläche von Hühnergöttern sind unglaublich vielfältig. Fast alle aber, die man an Nord- und Ostseeküste findet, sind aus Feuerstein. Ab und zu findet man hier auch ein kleines durchlöchertes Sandstein- oder Quarzitgeröll. Und kleine runde Kalkschwämme sowie Bruchstücke von Donnerkeilen – Fossilien aus der Schreibkreide – die manchmal Löcher haben. Ob sie allerdings zu den „echten“ Hühnergöttern zu zählen sind, ist unklar.

Hühnergötter dienten und dienen als Amulette. Sie sollen Mensch oder Tier vor Gefahren schützen, Glück bringen. Die Frage ist, ob man auch kilo- oder sogar zentnerschwere, also überhaupt nicht „tragbare“ Lochsteine, die keine Amulettfunktion haben, einfach (wie es meist getan wird) als Hühnergott bezeichnen sollte. Auch der Autor ist in dieser Hinsicht unsicher und inkonsequent.

Ob klein und fein wie rechts oder groß und schwer wie hier – immer hat man die Gewissheit, einen „personengebundenen“ Hühnergott zu tragen.

Vielfalt von Hühnergöttern: die Exemplare mit der weißen Rinde stammen meist von der Kreideküste. Die anderen, oft besser gerundeten wurden an verschiedenen Stränden auf Rügen, Hiddensee, Fischland und Darß gefunden.

WOHER KOMMT DAS LOCH?

Das große Rätsel der Hühnergötter

Wenn es um Hühnergötter geht, kommt irgendwann immer die Frage: „Wie ist das Loch entstanden?“ Unbefangene haben oft recht schnell verschiedene Antworten parat. Der Fachmann aber ist viel vorsichtiger: „Das sind fast alles Zufallsbildungen – so wie die Form der Feuersteinknollen.“ Mit „fast“ meint er die wenigen Ausnahmen, bei denen man ganz eindeutig sagen kann, dass es sich bei dem Loch um die Spur handelt, die ein Organismus verursacht hat. Manchmal erkennt man beispielsweise an der Wandung die Strukturen eines Kieselschwammes, den Abdruck eines Seelilienstieles oder Seeigelstachels. Und natürlich erinnert das Loch bei einigen Exemplaren sehr stark an eine Lebensspur, eine Grabspur. Wie sie aber entstanden sein könnte, ist kaum zu erklären. Also bleibt unseren kleinen Amuletten wenigstens noch ein wenig Mystisches, Unerklärliches. Und das mögen sicher recht viele ihrer Trägerinnen und Träger.

Hühnergötter (ø ca. 3–4 cm) – Wie das Loch in diesen kleinen Feuersteinen entstand, bleibt fast immer rätselhaft.

WO FINDET MAN HÜHNERGÖTTER?

Einige praktische Hinweise für Sucher und Sammler

Viele tausend Hühnergötter werden Jahr für Jahr gefunden – und mitgenommen. Kein Wunder also, dass sie an den Stränden so selten geworden sind. Manch ein Urlauber mag schon verzweifelt gewesen sein: **„Ich finde nie einen!“** Vielleicht genügt es schon, etwas anders zu suchen. Denn beim langsamen Gehen längs des Strandes bleibt man nicht nur an der Oberfläche, sondern übersieht bestimmt auch so Manches. Wer an einer Stelle etwas länger verweilt, hat oftmals mehr Erfolg. Es lohnt sich meist, in aller Ruhe in die Tiefe zu gehen, also das feine Strandgeröll tiefgründig durchzusehen. Ein Stöckchen, wie es manche Strandwanderer beständig in der Hand halten, leistet dabei bestimmt gute Dienste. Und natürlich: Etwas Geduld ist immer gut – Zeit hat man ja im Urlaub.

Die am besten gerundeten Hühnergötter gibt es übrigens oft weit abseits der Steilufer. Dort, wo an den Sandstränden der Flachküsten auch grober Kies ausgeworfen wird, lohnt die gründliche Suche unbedingt.

Dass die Strände nach der Urlaubssaison kaum noch „fündig“ sind, versteht sich von selbst. Doch die Stürme in der kälteren Jahreszeit sorgen regelmäßig dafür, dass die Strandsteine gründlich umgeschichtet werden und immer neue Hühnergötter zum Vorschein kommen. Nach schweren Stürmen und in der Vorsaison findet man am meisten. Das gilt für Usedom ebenso wie für Sylt – insgesamt für alle deutschen und dänischen Küsten von Nord- und Ostsee. Und wer nicht auf Anhieb seinen eigenen Hühnergott findet: Es gibt auch viele andere interessante Steine!

Hühnergott-Sucher am Darßer Weststrand – Auch an vielen ähnlichen Sandstränden liegt oft grober Kies und feines Geröll am Spülsaum. Dazwischen kann man Hühnergötter finden.

PARAMOUDRAS

Riesen-Feuersteinknollen in der Schreibkreide

Neben den charakteristischen Feuersteinbändern gibt es in der Schreibkreide auch einzelne Knollen, die isoliert im Sediment liegen – also nicht „in Reihe“. Unter ihnen findet man Exemplare, welche die übliche Größe von Feuersteinknollen weit überschreiten. Manche wiegen einhundert, die schwersten weit über zweihundert Kilogramm. Die meisten besitzen eine unregelmäßig-knollige Form, manche sind langgestreckt. Neben ihrer unregelmäßigen äußeren Form haben fast alle eine Gemeinsamkeit: ein großes, durchgehendes Loch mit glatter Wandung. Es handelt sich dabei also um riesige Lochsteine, die als **Paramoudra**, im Volksmund regional als „Sassnitzer Blumentöpfe“ (siehe nächste Doppelseite) bezeichnet werden. Stecken diese Gebilde noch in der Schreibkreide, so kann man oft entdecken, dass in der Nähe des Loches fein verteilter Pyrit die Kreide dunkel färbt. Oft findet sich sogar eine Pyritknolle im Loch selbst. Diese Tatsache könnte ein Hinweis auf die noch immer nicht geklärte Entstehung der Paramoudras sein. Vermutlich war das mit Kreideschlamm gefüllte Loch ein Weg, durch den lange Zeit Schichtwasser und Gase strömten. Dabei lagerte sich sowohl Feuerstein, als auch Pyrit ab.

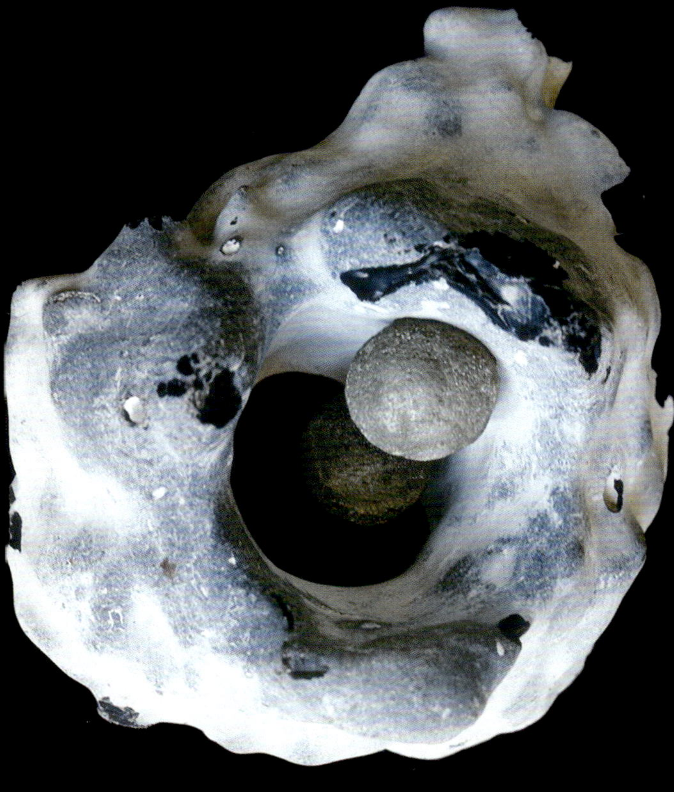

< Paramoudra (ø ca. 50 cm) mit angewachsenen Pyritknollen – Original im Deutschen Meeresmuseum Stralsund

Ein großer Paramoudra steckt noch in der Schreibkreide der Steilküste im Nationalpark Jasmund. In der Verlängerung des noch mit Kreide gefüllten Loches ist das Sediment durch fein verteilten Pyrit deutlich graublau gefärbt. (ø ca. 1,3 m)

In dem großen durchgehenden Loch fand sich eine faustgroße Pyritknolle – ähnlich wie bei dem Exemplar unten links, auf dessen innerer Wandung zwei große Pyritknollen festgewachsen sind.

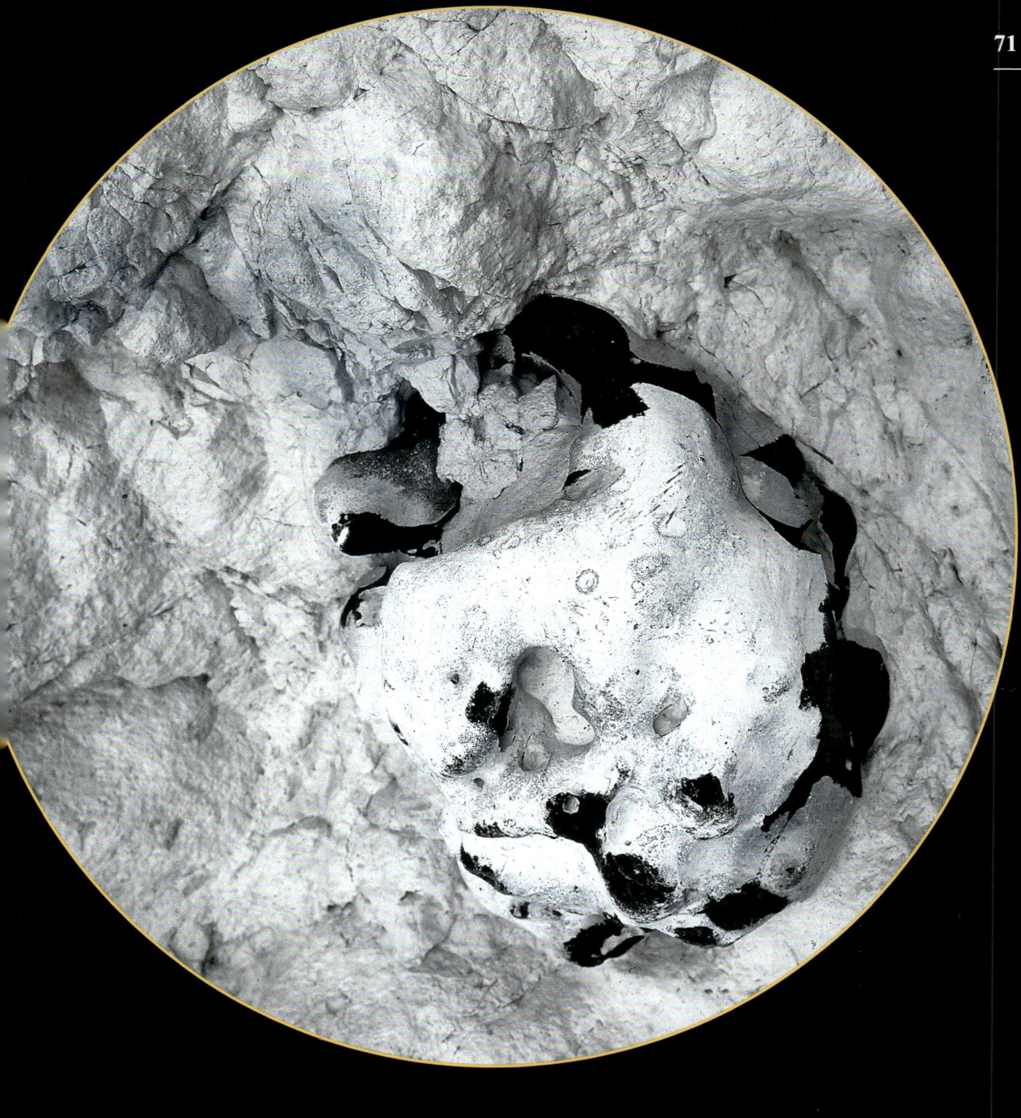

SASSNITZER BLUMENTÖPFE

Riesen-Lochsteine als Gartenschmuck

Ob sie noch unter dem Namen "Hühnergötter" geführt werden sollten, wird oft diskutiert. Jedenfalls stehen diese oft mehr als zentnerschweren **Paramoudras**, die auf den beiden vorhergehenden Seiten behandelt wurden, bevorzugt in den Vorgärten von Sassnitz, dem Tor zur Rügener Kreideküste. Von dort hat man sie früher hierher transportiert, oft mit Erde gefüllt und dann bepflanzt.

Heute steht die Kreideküste als **Nationalpark Jasmund** unter strengem Naturschutz. Während die Nationalparkwächter gegen das Sammeln von kleinstückigen Feuersteinen und von Fossilien (soweit es in Maßen bleibt) sicher nichts einzuwenden haben, ist der Abtransport so großer Brocken aus dem „Inventar" des Nationalparks untersagt.

PRAKTISCHE LOCHSTEINE

Hühnergötter als Senker für Netze und Reusen

Dort wo man Lochsteine fand, wusste man sie früher auch ganz praktisch zu nutzen. Bis in die heutige Zeit hinein findet man sie noch hier und da bei den deutschen Küstenfischern als **„Senker“** (Beschwerung) für Netze und Reusen. Das Foto entstand im Frühjahr 1987 auf dem Reusenplatz von Klein Zicker auf der Halbinsel Mönchgut (Insel Rügen). Die als Senker für das Wehr einer großen Kammerreuse in die Grundleine gefädelten Lochsteine sind rechts unten, hinter dem Fischer, gut zu erkennen.

Viel weiter zurück liegt die Verwendung kleinerer Lochsteine als Beschwerung für die Kettfäden des Handwebstuhls. Wer aufmerksam durch die Ausstellungen von Heimat- und Freilichtmuseen an der deutschen und dänischen Küste geht, wird die wohlfeilen Beschwerungssteine sicher noch an anderen Stellen finden. Besonders originell fand der Autor die Verwendung zweier Lochsteine als Gewichte einer uralten Wanduhr. Leider hat er vergessen, wo das war.

IM LOCHSTEINGARTEN

Ergebnis einer besonderen Sammelleidenschaft

„Da hat aber einer fleißig gesammelt!“ meinen Vorübergehende (oft nicht ohne Neid), wenn sie in einige der Vorgärten von Badeorten an der Ostseeküste schauen. Da sind sie nun in Massen aufgefädelt, an Baumwurzeln, Zäunen oder Hauswänden aufgehängt. Ja, es ist wirklich erstaunlich, wie viele Hühnergötter/Lochsteine man da in den Jahren – manchmal vielleicht sogar Jahrzehnten – bei ungezählten Strandgängen gefunden hat. Solche Lochstein-Arrangements sind auch immer ein Hinweis darauf, dass die in der Nähe liegenden Strände besonders fündig sind. Was natürlich nicht heißen muss, dass man dort auf Anhieb tatsächlich zahlreiche Exemplare findet. Man hat aber wenigstens eine Spur – und erfährt vielleicht bei einem Gespräch übern Gartenzaun interessante Einzelheiten zu dieser Kollektion, zu ihrer Geschichte. Ein „Hühnergottmuseum“ gibt es wohl bis heute noch nicht. Doch bei dem großen allgemeinen Interesse sowohl an Feuersteinen als auch an Hühnergöttern wäre dessen Einrichtung – angesichts der rasch zunehmenden Zahl von „Spezialmuseen“ – sicher eine Überlegung wert.

MEHR SEHEN UND ERFAHREN

über Feuersteine und Hühnergötter

Fasziniert von den Strandfunden und angeregt durch dieses Buch möchte mancher Leser vielleicht mehr wissen über Feuersteine, Hühnergötter und ihre spannende Geschichte. Dazu gibt es geologische Expositionen in den folgenden Museen bzw. Ausstellungen an der Ostseeküste oder in deren Nähe. Dort kann man auch teil- oder zeitweise die verschiedensten Feuersteine und Hühnergötter sehen:

Kreidemuseum Gummanz
Gummanz/Rügen
Tel. (03 83 02) 5 62 29
www.kreidemuseum.de

Schleswig-Holsteinisches Eiszeitmuseum
Lütjenburg
Tel. (0 43 81) 41 52 10
www.eiszeitmuseum.de

Museum für Natur und Umwelt
Lübeck
Tel. (04 51) 1 22 41 22
www.luebeck.de

Deutsches Meeresmuseum
Stralsund – Außenstelle
NATUREUM Darßer Ort
Prerow/Darß
Tel. (03 82 33) 3 04
www.meeresmuseum.de

Nationalparkhaus Königsstuhl
Stubbenkammer/Rügen
Tel. (03 83 92) 6 61 70
www.koenigsstuhl.com

Eiszeit-Haus Flensburg
Flensburg
Tel. (04 61) 85 25 04
www.flensburg.de

Geocenter Mønsklint
Mønsklint/Møn
Tel. (00 45) 55 86 36 00
www.moensklint.dk

Fachberatung zu speziellen Funden findet man u.a. auch bei den Mitgliedern zahlreicher Sektionen der **Gesellschaft für Geschiebekunde**
www.geschiebekunde.de

Spezielle Informationen über Natur- und Kulturgeschichte von Feuerstein bieten auch zahlreiche Webseiten im Internet.

Feuersteine bearbeitet, schleift und poliert
Steinmüller
Lohme/Rügen
Tel. (03 83 02) 9 01 09
www.ruegensteine.de

Feuersteinschmuck ist erhältlich bei
Jasper & Flint
Tel. (0 30) 21 91 63 33
www.jasper-flint.de

*Geröllstrand mit viel
Feuerstein am Skagerrak
Gamla Skagen/Jütland (Dänemark)*

AUTOR
und Mitarbeiterin

Weitere Küstenbücher
von Rolf Reinicke:

Bernstein – Gold des Meeres
Hinstorff Verlag Rostock
8. Auflage 2008
ISBN 978-3-356-00642-8

Insel Rügen – Die Kreideküste
Delius Klasing Verlag Bielefeld
1. Auflage 2007
ISBN 978-3-7688-1905-3

Steine am Ostseestrand
Demmler Verlag
4. Auflage 2009
ISBN 978-3-910150-75-1

Funde am Ostseestrand
Demmler Verlag
1. Auflage 2008
ISBN 978-3-910150-76-8

Nordseefunde
Demmler Verlag
1. Auflage 2010
ISBN 978-3-910150-02-0

Seit über vier Jahrzehnten sind sie als leidenschaftliche Strandwanderer an der Küste gemeisam unterwegs – der Autor Rolf Reinicke und seine Ehefrau Inge. Genau so lange beobachten, sammeln und fotografieren sie hier die vielfältigen Strandsteine.
Der Geologe Rolf Reinicke (geb. 1943) gilt als hervorragender Kenner der gesamten Ostseeküste und als exzellenter Landschaftsfotograf. Für seine zahlreichen Küstenbücher – so auch für dieses – liefert er alle Fotos und Texte – seine Frau die Zeichnungen.